W0268878

Zur Kenntnis

der

Kupfer-Zinklegierungen.

Auf Grund von

gemeinsam mit **Dr. P. Mauz** und **Dr. A. Siemens** ausgeführten Versuchen.

Von

Dr. Otto Sackur.

Springer-Verlag Berlin Heidelberg GmbH 1905

Sonderabdruck aus „Arbeiten aus dem Kaiserlichen Gesundheitsamte" Band XXIII, Heft 1, erweitert durch eine Zusammenfassung der unter dem Titel „Zur Kenntnis der Blei-Zinn-legierungen" in Band XX, Heft 3 und Band XXII, Heft 1 der „Arbeiten aus dem Kaiserlichen Gesundheitsamte" erschienenen Abhandlungen.

ISBN 978-3-662-31736-5   ISBN 978-3-662-32562-9 (eBook)
DOI 10.1007/978-3-662-32562-9

Die nachstehenden Beiträge zur Kenntnis von Metalllegierungen sind dem Bedürfnis entsprungen, über die hygienisch und wirtschaftlich gleich wichtige Frage nach dem Verhalten der Blei-Zinn- und Kupfer-Zinklegierungen bei Einwirkung von sauren Flüssigkeiten Aufschluß zu erhalten. Hierbei erwies es sich als notwendig, auch ihre Konstitution nach Möglichkeit aufzuklären. Auf Anregung von Herrn Geh. Regierungsrat Prof. Dr. Th. Paul, Direktor im Kaiserlichen Gesundheitsamte, habe ich mich dieser Aufgabe unterzogen und die folgenden Untersuchungen in der Zeit vom 1. Oktober 1902 bis 1. Oktober 1904 im chemischen Laboratorium des genannten Institutes ausgeführt. Der erste Teil derselben, die Untersuchung der Blei-Zinnlegierungen ist bereits in den Arbeiten aus dem Kaiserl. Gesundheitsamte Bd. 20 512—544 und Bd. 22 187—234 veröffentlicht und daher im folgenden nur im Auszuge wiedergegeben. Herrn Geheimrat Paul bin ich für sein mir stets bewiesenes förderndes Interesse, meinen Mitarbeitern, den Herren W. Wrobel, Dr. K. Scheda, Dr. P. Mauz und Dr. A. Siemens für ihre hilfreiche Unterstützung bei der experimentellen Durchführung zu aufrichtigem Danke verpflichtet.

Inhalt.

I. Die Blei-Zinnlegierungen.

1. Gleichgewicht zwischen Blei und Zinn.

Die älteren Untersuchungen über die Angreifbarkeit der Blei-Zinnlegierungen waren nicht imstande, gewisse Widersprüche in deren Verhalten aufzuklären und den für Wissenschaft und Praxis gleich wichtigen Zusammenhang zwischen Zusammensetzung und Angreifbarkeit festzustellen. Zu diesem Zwecke mußte zunächst die Frage entschieden werden, ob beide Metalle gleichzeitig in Lösung gehen oder nur das eine gelöst und hierauf durch das andere ganz oder teilweise wieder ausgefällt wird.

Die Theorie der Ausfällung eines Metalles durch ein anderes ist von Nernst entwickelt worden: Sie geht bei gleichwertigen Metallen, wie Pb und Sn, so weit, bis das Verhältnis der Ionenkonzentrationen in der Lösung gleich dem der elektrolytischen Lösungsdrucke der festen Metalle ist. Meist sind diese letzteren so verschieden, daß die eine Ionenkonzentration sehr klein und die Ausfällung daher praktisch vollständig wird oder gar nicht eintritt. Nur bei Metallen, die sich in der Spannungsreihe sehr nahe stehen, kann ein endlicher Gleichgewichtszustand eintreten. Solche Fälle sind z. B. das Gleichgewicht zwischen Silber und Quecksilber, das von Ogg untersucht wurde und von Wasserstoff und Silber in Lösung von Jodwasserstoffsäure und Jodsilber, welches von Danneel untersucht wurde. Beide Arbeiten bestätigen die Nernstsche Theorie. Ähnliche Verhältnisse waren auch bei Blei und Zinn zu erwarten, da auch die Elektroaffinität dieser Metalle sehr nahe gleich zu sein scheint; das Gleichgewicht sollte von der Natur des Anions der Salze ziemlich unabhängig sein, da es nur auf das Verhältnis der Metallionen ankommt. Dieser letzte Schluß bestätigte sich jedoch keineswegs, sondern die Ausfällungserscheinungen sind in verschiedenen Säuren einander völlig entgegengesetzt. Die Ursache hiervon ist in der weitgehenden Komplexbildung der Zinnsalze zu suchen.

Schüttelt man eine neutrale Lösung von Bleiacetat mit metallischem, mit einer Feile geraspeltem Zinn, so geht kein Zinn in Lösung und es wird kein Blei ausgefällt. Dies tritt erst ein, wenn man die Lösung mit Essigsäure ansäuert, und zwar geht die Ausfällung um so rascher vor sich, je saurer die Lösungen bei gleicher Bleiacetatkonzentration sind. Der Geschwindigkeitsunterschied ist sehr bedeutend. So wird z. B. bei Anwendung gleicher Mengen metallischen Zinns die Ausfällung von $^1/_5$ äquiv. n. Bleiacetatlösung bei Gegenwart von 1 n. Essigsäure nach zwei Stunden praktisch beendet, in $^3/_4$ n. Essigsäure in 24 Stunden, in $^1/_4$ n. Säure ist nach 90 Stunden erst der vierte Teil ausgefällt. Das Zinn geht ausschließlich als Stannosalz in Lösung, und es wird genau die äquivalente Menge Blei ausgefällt. In essigsaurer Lösung wird also Blei fast vollständig durch Zinn ersetzt; in salpetersaurer ist es gerade umgekehrt, aus neutralem wie saurem Bleinitrat wird kein Blei gefällt. Dagegen wird aus schwach saurer Stannonitratlösung praktisch alles Zinn durch Blei ausgefällt. Hier ist also Blei im Gegensatz zur essigsauren Lösung unedler als Zinn. Da aber nach der Nernstschen Theorie das Verhältnis der Metall-Ionenkonzentrationen nach Erreichung des Gleichgewichtes in beiden Lösungen gleich ist, so muß die Verschiedenheit der Gesamtkonzentrationen durch weitgehende Komplexbildung erklärt werden. Im allgemeinen kann man die Nitrate als normal dissoziiert annehmen. Bei ihnen wird das Verhältnis der Gesamtkonzentrationen dem der Ionenkonzentrationen ungefähr entsprechen, daher muß Blei die größere Lösungstension besitzen als Zinn, weil es dieses aus der Nitratlösung fast völlig ausfällt. Anderseits dürfen in essigsaurer Lösung nur sehr wenig freie Stannoionen vorhanden und fast das gesamte Zinn muß als Komplex gebunden sein.

In salzsaurer Lösung stellt sich zwischen Blei und Zinn ein Gleichgewichtszustand ein, an welchem beide Metalle mit endlichen Konzentrationen beteiligt sind. Dieser wurde erreicht sowohl durch Schütteln von Zinnchlorürlösungen mit Blei, wie von Bleichloridlösungen mit Zinn. Das Zinn ging stets zweiwertig in Lösung, vorher z. T. oxydierte Zinnchlorürlösungen wurden durch Schütteln mit Blei reduziert. Den Lösungen wurde stets freie Salzsäure in wechselnden Konzentrationen und festes Bleichlorid im Überschuß zugefügt, damit sie im Gleichgewicht damit gesättigt wären. Dann sind im Gleichgewichtszustand 5 Phasen vorhanden, nämlich metallisches Blei, metallisches Zinn, festes Bleichlorid, Lösung und Dampf. Die Zahl der unabhängigen Bestandteile beträgt fünf, nämlich Pb, Sn, $PbCl_2$, HCl und H_2O. Mithin hat das System noch zwei Freiheitsgrade, die Temperatur und die Konzentration der freien Salzsäure. Durch diese beiden Größen ist die Löslichkeit des Bleichlorids und daher auch die Gleichgewichtskonzentration des Zinns bestimmt.

Die Versuche wurden bei 18 und 25 % ausgeführt, das Zinn jodometrisch und gewichtsanalytisch, das Blei elektrolytisch nach Trennung von Zinn durch Schwefelammonium, und meistens noch das Chlor titrimetrisch nach Volhard bestimmt. Trägt man die Versuchsergebnisse graphisch auf, und zwar die analytisch gefundene Konzentration des $PbCl_2$ als Abszisse, die des $SnCl_2$ als Ordinate, so erhält man sowohl bei 18 wie bei 25° sehr genau gerade Linien, wenigstens in einem gewissen Konzentrationsbereich der Salzsäure, nämlich bei 18° zwischen $\frac{1}{5}$ n. und 1 n., bei 25° zwischen $\frac{1}{4}$ und $\frac{1}{2}$ n.

In diesem Intervall läßt sich also die Gleichgewichtsbedingung zwischen Blei und Zinn ausdrücken durch die lineare Gleichung

$$c_{Sn\,Cl_2} = a\,c_{Pb\,Cl_2} + b.$$

In größeren und kleineren Säurekonzentrationen ist die Kurve schwach konkav zur X-Achse.

Die theoretische Ableitung der empirisch aufgefundenen Gleichgewichtsgleichungen ergibt sich sehr einfach aus dem Massenwirkungsgesetz und der Nernstschen Theorie. Nach dieser ist das Verhältnis der Ionenkonzentration konstant, d. h.

$$Sn^{..} = \frac{C_{Sn}}{C_{Pb}} \cdot Pb^{..} = k_1\,Pb^{..}$$

Bleichlorid ist nach von Ende zweifach dissoziiert, erstens in einwertige Kationen $PbCl^{\cdot}$, und zweitens in zweiwertige Ionen $Pb^{\cdot\cdot}$ und Cl' Anionen, daher gelten nach dem Massenwirkungsgesetz die Gleichungen

$$PbCl^{\cdot} \cdot Cl' = k_2\, PbCl_2,$$
$$Pb^{\cdot\cdot} \cdot Cl'^2 = k_3\, PbCl_2,$$

und ebenso für $SnCl_2$, dessen Dissoziationsverhältnisse allerdings bis jetzt unbekannt sind, die analogen Gleichungen

$$SnCl^{\cdot} \cdot Cl' = k_4\, Sn\, Cl_2,$$
$$Sn^{\cdot\cdot} \cdot Cl'^2 = k_5\, Sn\, Cl_2.$$

Durch Kombination dieser fünf Gleichungen ergibt sich eine Gleichung für die analytisch bestimmbare Gesamtkonzentration, also die Summe von Ionen und un gespaltenen Molekeln, von der Form

$$c_{SnCl_2} = k_1\, K_1\, c_{PbCl_2} + k_1\, K_2\, PbCl_2 + \frac{K_3}{Cl'^2}.$$

Die Größe $PbCl_2$, d. h. die Konzentration des ungespaltenen $PbCl_2$ ist in meinen Versuchen bei Gegenwart des festen Bleichlorids konstant, mithin geht die Gleichung in die empirisch gefundene Form $c_{SnCl_2} = a\, c_{PbCl_2} + b$ über, wenn die letzte Größe der rechten Seite sehr klein wird. Dies ist, wie die Erfahrung zeigt, bei hinreichenden Salzsäurekonzentrationen der Fall. Die Konstanten K_1 und K_2 sind rational aus den vier Dissoziationskonstanten zusammengesetzt. Ihr Vergleich mit den Zahlenwerten, die man nach der Methode der kleinsten Quadrate aus den Versuchsergebnissen aus· rechnen kann, ergibt, daß die erste Dissoziationskonstante des Zinnchlorürs größer ist, als die des Bleichlorids.

Die absoluten Werte der Dissoziationskonstanten, ebenso wie die der Nernstschen Konstante k_1 lassen sich aus diesen Versuchen nicht ausrechnen. Wie die Gleichgewichtslinie zeigt, ist auch in salzsaurer Lösung der Zinngehalt größer als der Bleigehalt; da aber nach der vorhin gemachten Annahme Blei die größere Lösungstension hat als Zinn und die Konzentration der Bleiionen größer sein muß, als die der Zinnionen, so darf Zinnchlorür nur in einem sehr geringen Betrage in freie, zweiwertige Zinnionen dissoziiert sein, und die zweite Dissoziationskonstante des Zinnchlorürs ist als sehr klein anzusehen. Diesen Schluß habe ich auch durch Löslichkeitsversuche von Bleichlorid in Lösungen von Zinnchlorür und Salzsäure gestützt. Das Zinnchlorür muß nämlich dann auch viel weniger Chlorionen enthalten, als seiner Gesamtkonzentration entspricht, und darf die Löslichkeit des Bleichlorids weniger vermindern als eine äquivalente vollständig dissoziierte Salzsäure, was auch tatsächlich der Fall ist.

Die Größe der Konstanten k_1, des Verhältnisses der Lösungstensionen von Pb und Sn, hatte sich auf chemischem Wege nicht feststellen lassen, doch gelang dies mittels der elektrischen Methode. Ein galvanisches Element von der Form $Pb \cdot Pb(NO_3)_2 \cdot Sn(NO_3)_2\, Sn$ besitzt die elektromotorische Kraft

$$\pi = \frac{RT}{2\,\varepsilon}\, \ln \frac{C_{Pb}}{C_{Sn}} \cdot \frac{c_{Sn^{\cdot\cdot}}}{c_{Pb^{\cdot\cdot}}},$$

wenn C die Lösungstensionen und c die Ionenkonzentrationen bedeuten. Die Potential-differenz an der Berührungsstelle der Flüssigkeiten ist hierbei vernachlässigt. Die EMK ist von der absoluten Konzentration der Nitratlösungen unabhängig, wenn diese gleich stark dissoziiert sind. Es ergab sich nun, daß dies in Lösungen der Fall ist, deren Konzentration geringer als $^1/_{50}$ äquivalent normal ist, und zwar war in diesen bei 25^0 $\pi = 37$ Millivolt. Hieraus berechnet sich das Verhältnis der Lösungs-tensionen, da das Blei die Lösungselektrode war,

$$\frac{C_{Pb}}{C_{Sn}} = 17{,}2.$$

Es bestätigte sich also die Theorie, daß Blei unedler ist als Zinn.

2. Die Konstitution der Blei-Zinnlegierungen.

Die zweite Frage, die für die Angreifbarkeit von Blei-Zinnlegierungen maßgebend sein muß, ist die nach ihrer Konstitution. Bilden Blei und Zinn eine chemische Verbindung, völlig isomorphe Mischungen, feste Lösungen von begrenzter Löslichkeit oder sind ihre Legierungen nur als physikalisches Gemenge von Blei und Zinn auf-zufassen? Eine teilweise Beantwortung dieses Problems gibt die Betrachtung der Schmelzpunktskurve. Diese hat nach älteren Literaturangaben ungefähr die Gestalt

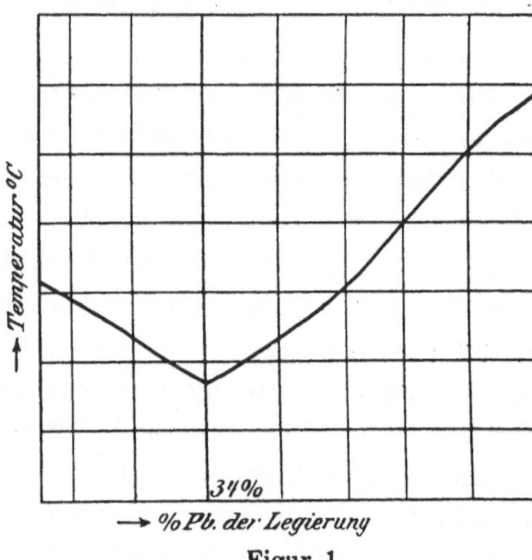

Figur 1.

nebenstehender Figur 1, wenn man den Prozentgehalt an Blei als Abszisse, die Temperatur als Ordinate aufträgt. Sie weist nur einen Knickpunkt auf, den des eutektischen Gemisches von 66 % Sn und 34 % Pb. Folglich kann es keine chemische Verbindung zwischen Blei und Zinn geben, und ihre Legierungen sind auch keine völlig isomorphen Mischungen.

Dagegen sagt die Form der Schmelzpunktskurve allein nichts darüber aus, ob sich aus der Schmelze bei der Erstarrung die reinen Metalle oder feste Lösungen derselben ausscheiden.

Einen Aufschluß über diese Frage könnte man durch die Messung der elektromotorischen Kräfte der Legierungen erhalten. Doch bietet diese Methode bei Blei und Zinn wenig Aussicht, weil das Potential der beiden Metalle sich nach meinen Messungen nur um etwa 37 Millivolt unterscheidet und daher nur relativ große Änderungen der Lösungstensionen der Metalle der Messung zugänglich wären. Außerdem könnten die Resultate durch Deckschichtenbildung verschleiert werden. Frei von dieser Fehlerquelle ist jedoch folgender Weg: Die Bestimmung des Gleichgewichtes, bis zu welchem die gegenseitige Ausfällung des Bleis und Zinns bei Gegenwart ihrer Legierungen als Bodenkörper führt. Dieses Verfahren gestattet auch eine genaue Bestimmung der Lösungstensionen des Bleis und Zinns in der Legierung einzeln.

Schüttelt man nämlich eine salzsaure Zinnchlorürlösung mit einer Blei-Zinnlegierung, so wird Sn ausgefällt und es geht Pb aus der Legierung in Lösung. Der Gleichgewichtszustand, der sich einstellt, wird daher abhängen von der Lösungstension des reinen, ausgefällten Sn und des Pb in der Legierung. Wird die Ausfällung durch reines Blei bewirkt, so gilt, wie ich gezeigt habe, für die Gleichgewichtskonzentrationen des Bleichlorids und Zinnchlorürs der an Bleichlorid gesättigten salzsauren Lösungen die lineare Gleichung

$$c_{Sn\,Cl_2} = k_1 K_1 c_{Pb\,Cl_2} + k_1 K_2 Pb\,Cl_2.$$

Die Konstante k_1 bedeutete das Verhältnis der Lösungstensionen $\dfrac{C_{Sn}}{C_{Pb}}$. Wird die Ausfällung dagegen durch eine Legierung bewirkt, so tritt für k_1 eine analoge Größe k_1', welche das Verhältnis $\dfrac{C_{Sn}}{C'_{Pb}}$, das Verhältnis der Lösungstensionen des reinen Zinns zu der des Bleis in der Legierung bedeutet. Die Gleichgewichtsbedingung geht dann über in

$$C'_{Sn\,Cl_2} = k_1' K_1 c_{Pb\,Cl_2} + k_1 K_2 Pb\,Cl_2$$

oder $$\frac{c_{Sn\,Cl_2}}{c'_{Sn\,Cl_2}} = \frac{k_1}{k_1'} = \frac{C'_{Pb}}{C_{Pb}},$$

d. h. das Verhältnis der Lösungstensionen des Bleis in der Legierung zu der des reinen Metalles ist unmittelbar gegeben durch den Quotienten der in beiden Fällen gefundenen Gleichgewichtskonzentrationen des Zinnchlorürs. Auf ganz analoge Weise ergibt sich ein Weg zur Bestimmung der Lösungstension des Zinns in der Legierung durch Ausfällung von Blei aus Bleichloridlösung. Wiederum ist

$$\frac{C''_{Sn}}{C_{Sn}} = \frac{c''_{Sn\,Cl_2}}{c_{Sn\,Cl_2}}.$$

Da die Lösungstension der Metalle in der Legierung immer kleiner oder höchstens gleich der des reinen Metalles sein muß, so kann die Ausfällung nie weiter vor sich gehen, als sie durch das reine Metall getrieben wird.

Zur Bestimmung der Lösungstension wurden daher die beschriebenen Gleichgewichtsversuche wiederholt, mit dem Unterschiede, daß die Lösungen nicht mit den reinen Metallen, sondern mit den geraspelten Legierungen im Thermostaten bei 25^{0} geschüttelt wurden.

Die Ergebnisse dieser Gleichgewichtsbestimmungen sind folgende: Blei besitzt in Legierungen über etwa $10\,\%$ Pb ganz dieselbe Lösungstension wie als reines Metall, denn die Ausfällung des Zinns aus Zinnchlorür durch die Legierungen führt zu völlig identischen Gleichgewichtskonzentrationen. In bleiärmeren Legierungen jedoch nimmt die Lösungstension des Bleis beständig und langsam mit dem Pb-Gehalt ab, wie folgende Tabelle zeigt, in der die Lösungstension, bezogen auf die des reinen Metalls als Einheit, angegeben ist:

Prozent Pb	CPb
11,6	0,90
8,7	0,87
5,1	0,84
2,8	0,82

Die Werte sind die Mittelwerte aus einer großen Reihe gut übereinstimmender Einzelversuche.

In diesen Legierungen ist also das Blei in fester Lösung im Zinn vorhanden, während es in den bleireicheren in unverbundenem Zustande enthalten ist.

Es darf jedoch nicht verhehlt werden, daß ich dies letztere auch in einer Legierung von nur 9,3 % Pb feststellen konnte. Offenbar hängt der Zustand, in welchem sich das Blei in der festen Legierung bildet, auch von der Art der Erstarrung ab.

Die Bestimmung der Lösungstension des Zinns ergab, daß dieses Metall in allen Legierungen von über 3 % Sn im unverbundenen Zustande enthalten ist, daß also das Lösungsvermögen des Bleis für Zinn, wenn überhaupt vorhanden, jedenfalls geringer ist, als das des festen Zinns für Blei. In Übereinstimmung mit den Schmelzpunktsbestimmungen hat also diese chemische Methode zur Bestimmung der Lösungstensionen gezeigt, das Blei und Zinn keine chemische Verbindung, wohl aber feste Lösungen mit beschränkter Löslichkeit bilden.

3. Die Angreifbarkeit von Blei-Zinnlegierungen.

(Gemeinsam mit W. Wrobel und K. Scheda.)

Der Angriff eines Metalles durch eine Säure kann zwei Ursachen haben. Entweder geht das Metall direkt unter Entwicklung von Wasserstoff in Lösung, wie z. B. Zn in Salzsäure, oder es wird durch ein in der Lösung befindliches Oxydationsmittel, z. B. gelösten Sauerstoff oxydiert. Bei Blei und Zinn ist eine Entladung von Wasserstoffionen zwar möglich, denn beide Metalle sind nach der Wilsmoreschen Spannungsreihe um 0,1 bis 0,2 Volt unedler als Wasserstoff, allein es kann zu einer sichtbaren Entwicklung gasförmigen Wasserstoffs nicht kommen, weil hierzu eine Überspannung von 0,5 bis 0,6 Volt zu überwinden wäre. Eine merkliche Auflösung des Metalles kann daher nur durch einen Oxydationsvorgang bedingt sein.

Es ergab sich nun, daß Zinn durch verdünnte ($\frac{1}{10}$ n.) Essigsäure bei Gegenwart von Luft im offnen Gefäß fast gar nicht angegriffen wurde, auch nicht beim Durchleiten eines Luftstromes durch die Lösung. Von Blei wurden dagegen beträchtliche Mengen aufgelöst und zwar von Platten von den Dimensionen $180 \times 70 \times 3$ mm in $4\frac{1}{2}$ Stunden bei ruhigem Stehen im Mittel 85 mg im Liter, beim Durchleiten eines langsamen Luftstromes von 1 bis 2 Litern pro Stunde 240 mg im Liter.

Diese Angreifbarkeit des Bleis in verdünnten Säuren ist eine Reaktion im heterogenen System. Wie Nernst und Brunner kürzlich gezeigt haben, sind die Geschwindigkeiten solcher Vorgänge häufig auf reine Diffusionsgeschwindigkeiten zurückzuführen. Um die von den genannten und von anderen Forschern entwickelten Gesetzmäßigkeiten an dem vorliegenden Fall zu prüfen, wurde der zeitliche Verlauf der Angreifbarkeit des Bleis in Salzsäure, Milchsäure und Essigsäure verschiedener Konzentration verfolgt. Zu diesem Zwecke wurden Platten in einer Eisenform gegossen und dieselben in zylindrische Gefäße gehängt. Bei Anwendung der Luftrührung wurden diese mit einem doppelt durchbohrten Gummistopfen verschlossen und die Luft hindurchgesaugt. Von Stunde zu Stunde wurden aus der 1 Liter betragenden Lösung 25 ccm herausgenommen und das Blei mit Kaliumbichromat titriert. Es ergab sich, daß die Auflösungsgeschwindigkeit im Verlauf mehrerer Stunden konstant bleibt und unabhängig ist von der Stärke und Konzentration der angewandten Säure, dagegen stark ansteigt mit der Geschwindigkeit des Luftstromes, der durch die Lösung geleitet wird.

Während sich ohne Luftrührung pro Stunde etwa 15 mg Pb auflösen, lösen sich bei einer Luftgeschwindigkeit von 2 Liter Luft pro Stunde etwa 50 mg, bei 9 Litern 90 mg Blei auf.

Welche Schlüsse gestatten nun diese Ergebnisse auf die Natur des Auflösungsvorganges? Es kommen folgende Einzelgeschwindigkeiten in Betracht: 1. die des Oxydationsvorganges an der Grenzfläche; 2. die der Diffusion des Sauerstoffs und der Säure zur Grenzfläche hin. Daraus, daß überhaupt die Rührung einen wesentlichen Einfluß auf die Gesamtgeschwindigkeit ausübt, geht hervor, daß die chemische Reaktion nicht langsam gegenüber den Diffusionen verläuft. Da aber die Konzentration und Stärke der Säure ohne Belang ist, so kann auch deren Diffusionsgeschwindigkeit nicht merklich in Betracht kommen. Vielmehr muß die Totalgeschwindigkeit der Auflösung im wesentlichen durch die Diffusionsgeschwindigkeit des gelösten Sauerstoffs bedingt sein, welche also gering gegen die der Säuren ist. Demnach mußte eine Erhöhung der Sauerstoffkonzentration eine erhebliche Vergrößerung der Auflösungsgeschwindigkeit hervorrufen, und wirklich wuchs diese sehr beträchtlich, wenn an Stelle der Luft reiner Sauerstoff durch die Lösung geleitet, und dadurch seine Konzentration auf das Fünffache vermehrt wurde.

Es ist nun noch die Frage zu behandeln, warum das Zinn im Gegensatz zum Blei um so viel weniger angegriffen wird. Die geringe Differenz der Lösungstensionen kann diesen Unterschied nicht bedingen, derselbe muß daher durch verschiedene Geschwindigkeit des Oxydationsvorganges erklärt werden.

Die Versuche über die Angreifbarkeit der Legierungen wurden ganz analog den Versuchen mit reinem Blei angestellt. Es wurden ebenfalls Platten aus abgewogenen Mengen der reinen Metalle hergestellt und diese in zylindrischen Gefäßen der Einwirkung von Essig- und Milchsäure mit und ohne Luftrührung ausgesetzt. Das Volumen der Lösung betrug stets 1 Liter, die aufgelösten Mengen wurden durch Analyse der Lösungen festgestellt. Es wurden Platten von 5, 10, 15, 20, 30, 50, 60, 70, 80, 90 % Pb, und zwar von jeder Art zwei Stück gegossen und ihre Zusammensetzung durch Analyse an zwei Stellen ermittelt. Eine gewisse Schwierigkeit bestand darin, vor jedem Versuch stets reproduzierbare Oberflächen herzustellen, weil nur unter dieser Bedingung ein Vergleich der Einzelbestimmungen möglich ist. Nach mehrfachen Bemühungen erwies es sich als das Beste, die Platten vor jedem Einzelversuch mit der Ziehklinge abzuschaben, so daß sie stets eine völlig neue Oberfläche erhielten. Trotzdem kommt den enthaltenen Werten für die Angreifbarkeit nicht allgemeine, sondern nur relative Gültigkeit zu, da sie nicht als Messungen von Gleichgewichtszuständen, sondern von Geschwindigkeiten aufzufassen sind, und als solche in erster Linie von den räumlichen Bedingungen der Versuchsanordnung abhängig sind. Sie sind daher nur unter sich, nicht aber mit den Messungen älterer Forscher vergleichbar.

Von den zahlreichen Versuchsreihen sollen nur die charakteristischsten angeführt werden. Die mitgeteilten Zahlen sind die Mittelwerte aus mehreren gut übereinstimmenden Einzelversuchen.

Tabelle I.

Angreifbarkeit von Blei-Zinnlegierungen in Essigsäure.

Versuchsdauer 4½ Stunde. Luftgeschwindigkeit 1 bis 2 Liter pro Stunde.

Prozent Blei der Legierung	Gelöst im Liter Essigsäure:					
	I. $\frac{1}{20}$-normal		II. $\frac{1}{10}$-normal		III. $\frac{1}{4}$-normal	
	mg Pb	mg Sn	mg Pb	mg Sn	mg Pb	mg Sn
0						42,3
10	7,2	0,8	1,9	15,5	4,8	81,8
20	14,6	0,7	7,7	14,7	5,2	86,6
30	27,8	3,8	23,0	41,3	6,7	100,6
50	48,5	6,1	17,6	43,1	7,2	72,0
70	82,7	10,3	31,9	36,0	14,3	64,8
90	112,5	12,6	33,0	22,8	86,2	36,6
100	173,7				162,5	

Die Tabelle enthält die Versuche in Essigsäure verschiedener Konzentrationen, in $\frac{1}{20}$, $\frac{1}{10}$ und $\frac{1}{4}$ n. Säure; die Versuchsdauer betrug 4½ Stunde, die Luftgeschwindigkeit 1 bis 2 Liter pro Stunde; die Zahlen bedeuten Milligramm im Liter.

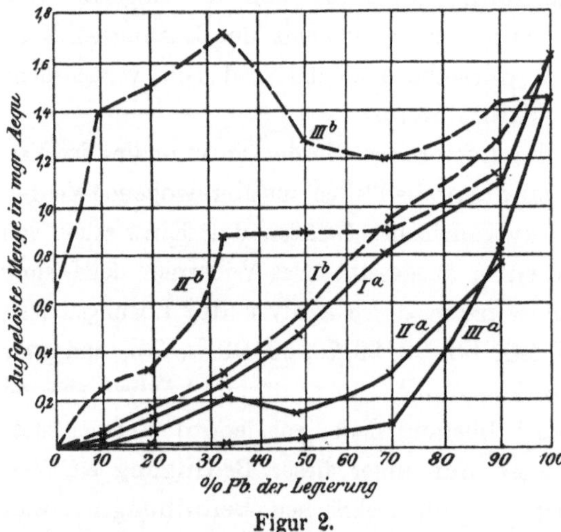

Figur 2.

Sie sind in Figur 2 graphisch aufgezeichnet, und zwar der prozentische Bleigehalt der Legierung als Abszisse, die gelösten Mengen in Milligramm-Äquivalenten als Ordinaten; die ausgezogenen Linien (a) bedeuten die gelösten Mengen Blei, die gestrichelten (b) die Gesamtmengen Blei + Zinn.

In der verdünnten Säure, dem Kurvenpaar I, wächst die gelöste Menge Blei stetig und beträchtlich mit dem Bleigehalt der Legierung.

Die Menge des gelösten Zinns ist viel geringer, auch sie wächst mit dem Bleigehalt der Legierung, daher steigt auch die Gesamtangreifbarkeit mit dieser. Es zeigt sich nirgends eine Unstetigkeit, die auf das Vorhandensein einer chemischen Verbindung in der Legierung schließen ließe. Ganz anders und viel komplizierter verlaufen die Kurven in den stärkeren Essigsäuren. Mit dem Gehalt an Säure verschiebt sich nämlich das Verhältnis des gelösten Bleis zum gelösten Zinn sehr stark zugunsten des letzteren, so daß in der $^1/_4$ n. Säure, der Kurve III, das Zinn das Blei um etwa das 20 fache übersteigt, während es in der $^1/_{20}$ n. Säure nur den zehnten Teil beträgt.

Die Erklärung für diese merkwürdige Erscheinung ergibt sich daraus, daß von den Legierungen primär im wesentlichen nur Blei gelöst wird und das Zinn sekundär unter gleichzeitiger Ausfällung der äquivalenten Bleimenge in Lösung geht. Die Geschwindigkeit dieser Ausfällung wird nun, wie schon bei Beschreibung der Gleichgewichtsversuche gezeigt wurde, sehr stark durch den Gehalt der Lösungen an freier Essigsäure beschleunigt. In $^1/_{20}$ n. Säure ist sie, wie aus den Versuchen über die Angreifbarkeit hervorgeht, kaum merklich, während sie in $^1/_4$ n. Säure zu fast vollständiger Ausfällung des Bleis führt. Das ausgefällte Blei setzt sich als grauer Überzug auf der Platte ab. Dadurch werden die Ergebnisse der Tabelle ohne weiteres verständlich. Die Menge des primär gelösten Bleis muß in allen Fällen mit dem Gehalt der Legierung an Blei wachsen, die Menge des gelösten Zinns muß dementsprechend ebenfalls steigen, anderseits ist aber die Geschwindigkeit der Ausfällung von der Oberflächengröße des Zinns an der Platte abhängig. Da diese beiden Einflüsse entgegengesetzt sind, so muß die in Lösung gehende Menge Zinn ein Maximum erreichen. Dieses liegt in der $^1/_{10}$ n. Säure bei der Legierung von 50 %, in der $^1/_4$ n. Säure bei der von 30 % Pb. Früher hätte man daher wahrscheinlich diesen Legierungen den Charakter chemischer Verbindungen zugesprochen. Geht die Ausfällung des Bleis rasch genug vor sich, so überzieht sich die Legierung bald mit einem gleichmäßigen Überzug von Blei, das natürlich zuerst wieder oxydiert, dann wieder ausgefällt wird usw. Die Gesamtangreifbarkeit der Legierung, d. h. die Summen des gelösten Bleis und Zinns, wird dann unabhängig von ihrer Zusammensetzung sein; dies ist tatsächlich, wie die Tabellen und Kurven zeigen, in der $^1/_{10}$ n. Essigsäure bei Legierungen von 30—70 % Blei, in der $^1/_4$ n. Säure mit geringen Schwankungen bei allen Legierungen der Fall.

Es wurde ferner der Einfluß der Zeit und der Rührgeschwindigkeit auf die Augreifbarkeit in der verdünntesten Essigsäure untersucht. Die aufgelöste Menge steigt bei allen Legierungen mit der Zeit, jedoch nicht proportional, sondern langsamer. Verstärkte Luftrührung, bis zu einer Geschwindigkeit von 25 Liter pro Stunde, ist bei Legierungen von weniger als 30 % Blei ohne Einfluß. Dagegen wächst ihre steigernde Wirkung auf die Angreifbarkeit sehr stark mit dem Bleigehalt der Legierung. Daraus geht hervor, daß bei den bleiärmeren Platten der chemische, d. h. der Oxydationsvorgang maßgebend für die Auflösungsgeschwindigkeit ist, während bei den bleireicheren Legierungen derselbe immer schneller und schneller vor sich geht, so daß die Diffusion des gelösten Sauerstoffs schließlich die Geschwindigkeit des Gesamtvorganges bedingt. Eine Erhöhung der Temperatur auf 75° ist nur von geringem Einfluß.

Es wurde nun die Angreifbarkeit der Legierungen durch verdünnte Milchsäure bestimmt. Es ergab sich, daß die Wirkung von $^1/_{20}$ n. Milchsäure keineswegs dieselbe ist wie die einer äquivalenten Essigsäure, denn die Milchsäure hatte fast nur Zinn und wenig Blei aufgelöst. Die Gesamtangreifbarkeit war wieder ziemlich

1

unabhängig von der Zusammensetzung der Legierung. Das zunächst gelöste Blei war also fast vollständig wieder ausgefällt worden. In verdünnter, $\frac{1}{100}$ n. Milchsäure dagegen wurde viel Blei und wenig Zinn gelöst; die Ausfällung des Bleis geht also in dieser ebenso langsam vorwärts wie in der $\frac{1}{20}$ n. Essigsäure, und die Gesamtangreifbarkeit der Legierung steigt wie in dieser kontinuiertlich und beträchtlich mit dem Gehalt an Blei. Es lag daher nahe, die Ausfällungsgeschwindigkeit des Bleis durch Zinn lediglich als eine Funktion der Wasserstoffionen anzusehen, da nämlich eine $\frac{1}{20}$ n. Essigsäure und eine $\frac{1}{100}$ n. Milchsäure, ebenso wie eine $\frac{1}{20}$ n. Milchsäure und eine $\frac{1}{4}$ n. Essigsäure in bezug auf H-Ionen ungefähr äquivalent sind. Dieser Schluß wurde jedoch nicht bestätigt; denn durch eine Lösung von $\frac{1}{4}$ n. Essigsäure und $\frac{1}{10}$ n. Na-Acetat, die fast gar keine freien H-Ionen enthält, wurde wie in den starken Säuren fast nur Zinn gelöst. Die erhöhte Ausfällungsgeschwindigkeit des Bleis durch Zinn kann in diesen Lösungen durch weitgehende Komplexbildung der Zinnionen erklärt werden. Jedenfalls sind die Wasserstoffionen für diesen Vorgang nicht allein maßgebend.

Es hat sich also gezeigt, daß die im Verlaufe der Arbeit begründeten Anschauungen über das elektrochemische Verhalten von Blei und Zinn und die Konstitution ihrer Legierungen völlig ausreichen, die Erscheinungen beim Angriff der Legierungen durch Säure zu erklären. Denn auch die Beobachtungen älterer Forscher stehen im vollsten Einklang mit ihnen. Bei allen früheren Versuchen wurden nämlich konzentrierte Säuren verwendet und in ihnen in Übereinstimmung mit den meinigen eine Auflösung von wenig Blei und viel Zinn gefunden. Verdünnte Säuren kamen gar nicht zur Untersuchung, weil man als selbstverständlich annahm, daß, wenn konzentrierte Säuren kein Blei auflösen, dies verdünnte erst recht nicht tun. Gerade das Umgekehrte ist aber der Fall, da nur in den verdünnten Lösungen der sekundäre Vorgang der Bleiausfällung ausgeschaltet ist. Daher gestatten nur diese Versuche ein begründetes Urteil über die Angriffsmöglichkeit der Blei-Zinnlegierungen.

II. Die Kupfer-Zinklegierungen*).

*) Sonderabdruck aus: Arbeiten aus dem Kaiserlichen Gesundheitsamte, XXIII, 261—313.

I. Einleitung.

Bei der Untersuchung der Blei-Zinnlegierungen hatte sich, wie ich in einer Reihe von Abhandlungen gezeigt habe[1]), ergeben, daß diese Metalle keine chemische Verbindung, sondern feste Lösungen von begrenzter Löslichkeit miteinander bilden. Zu diesem Ergebnis hatten in Übereinstimmung mit älteren Schmelzpunktsbestimmungen folgende zwei Methoden geführt:

1. Die Untersuchung der Angreifbarkeit der Legierungen durch Säuren; diese hatte sich als eine stetige Funktion des Bleigehaltes der Legierung erwiesen.

2. Die Bestimmung des Lösungsdruckes der Legierungen auf chemischem Wege durch Ausfällung von Blei und Zinn aus ihren Salzlösungen durch Legierungen und Untersuchung des Gleichgewichtszustandes, bis zu dem diese führte.

Diese beiden Methoden sind einer allgemeinen Anwendung auch auf die Legierungen anderer Metalle fähig und können stets zur Bestimmung von deren Konstitution benutzt werden. Für die erstere, die Bestimmung der Angreifbarkeit, ist dies ohne weiteres einleuchtend. Die Angreifbarkeit einer Legierung ist eine stetige Funktion ihrer Zusammensetzung, wenn die Legierung aus einer physikalischen Mischung oder aus festen Lösungen der einzelnen Metalle besteht, während im Falle der Existenz einer chemischen Verbindung die Angreifbarkeit ebenso wie andere Eigenschaften der Legierung an gewissen Punkten eine sprunghafte Änderung erleiden wird.

Der zweite Weg, die Bestimmung des Lösungsdruckes auf chemischem Wege, scheint jedoch nur bei solchen Metallen möglich zu sein, deren Lösungsdrucke so nahe gleich sind, daß ihre gegenseitige Ausfällung bei endlichen Konzentrationen, wie bei Blei und Zinn, Halt macht. Ist dies jedoch nicht der Fall, wie z. B. bei Kupfer und Zink, so kann auch eine relativ große Änderung der Lösungstension des

---

[1]) Arbeiten a. d. Kaiserlichen Gesundheitsamte XX, 512; XXII, 187, 205 (1904). Vergl. S. 1—10.

Zinks durch Legierung mit Kupfer auf diese Weise nicht wahrgenommen werden, weil trotzdem die Ausfällung des um so viel edleren Kupfers noch praktisch vollständig sein könnte.

Man gelangt jedoch auch in diesem Falle unter Umständen durch Fällungsversuche zu einer wenigstens angenäherten Bestimmung der Lösungstension und somit der Konstitution der Legierungen durch Anwendung eines Kunstgriffes, nämlich der Wahl solcher Salzlösungen, in denen die die Legierung bildenden Metalle einander in der Spannungsreihe näher gerückt zu sein scheinen.

Bedeutet C_1 die Lösungstension des Metalles Me_1,

c_1 seine Ionenkonzentration in der Lösung,

n_1 seine Wertigkeit,

R die Gaskonstante,

T die absolute Temperatur,

ε die Faradaysche Konstante (= 96540 Coulombs),

so besteht nach der Nernstschen Theorie[1]) zwischen den beiden Metallen Me_1 und Me_2 in einer gemeinsamen Lösung ihrer Salze die Potentialdifferenz

$$\pi = \frac{R\,T}{\varepsilon}\, \ln\left(\sqrt[n_1]{\frac{c_1}{C_1}} \cdot \sqrt[n_2]{\frac{C_2}{c_2}}\right).$$

Bei gleichwertigen Metallen wird diese Formel vereinfacht zu

$$\pi = \frac{R\,T}{n\,\varepsilon}\, \ln \frac{C_2}{C_1} \cdot \frac{c_1}{c_2}$$

Sind die Ionenkonzentrationen gleich, d. h. ihr Verhältnis $\frac{c_1}{c_2} = 1$, so ist diese Potentialdifferenz nur von dem Verhältnis der Lösungstensionen $\frac{C_2}{C_1}$ abhängig. Sie ist positiv, wenn $C_2 > C_1$, d. h. Me_2 unedler als Me_1, ist; in diesem Falle wird Me_1 aus seinen Salzlösungen durch Me_2 ausgefällt. Ist dagegen das Ionenverhältnis $\frac{c_1}{c_2} < 1$, so ist die elektromotorische Kraft π geringer, als dem Verhältnis der Lösungsdrucke entspricht, und die Metalle scheinen sich in der Spannungsreihe näher gerückt zu sein. Dies ist der Fall bei den sog. anomalen Spannungen, die z. B. von Hittorf[2]) eingehend untersucht wurden. Durch sehr starke Verminderung von c_1, der Ionenkonzentration des edleren Metalles, gelingt es unter Umständen π gleich Null zu machen oder sein Vorzeichen sogar in das entgegengesetzte zu verwandeln. In solchen Lösungen wird dann das unedlere Metall Me_2 durch das edlere Me_1 ausgefällt (z. B. Zink durch Kadmium in Cyankaliumlösung).

Zu einer merklichen Verminderung des π-Wertes ist eine sehr starke Verkleinerung des Ionenverhältnisses $\frac{c_1}{c_2}$ — und zwar um viele Zehnerpotenzen — notwendig, da dieses nur im Logarithmus für den Potentialwert maßgebend ist. Hierzu ist daher eine einfache Verdünnung des Salzes von Me_1 nicht ausreichend, sondern

---

[1]) Vergl. diese Arbeiten XX, 540.

[2]) Zeitschr. f. physik. Chem. **10, 593** (1892) und Ostwald, Lehrb. d. allgem. Chemie 2. Aufl. II, 876.

man muß sich eines Mittels bedienen, welches die Ionen von Me_1 in weitgehendstem
Maße wegfängt. Hierzu können Zusätze verwendet werden, die mit den Ionen des
edleren Metalles entweder sehr beständige Komplexe oder sehr schwer lösliche Salze
bilden, während sie mit den Ionen des unedleren Metalles gar nicht oder nur in
geringerem Maße reagieren. Solche Stoffe wird es nicht vereinzelt, sondern ganz
allgemein und sehr häufig geben, da nach der Abegg-Bodländerschen Elektro-
affinitätstheorie[1]) die edleren Metalle sowohl zur Bildung komplexer wie unlöslicher
Salze geneigter sind als die unedleren.

Ist man daher durch geeignete Wahl einer Salzlösung in der Lage, die Potentialdifferenz zwischen zwei Metallen fast bis zum Verschwinden zu bringen, so kann
man auf chemisch-analytischem Wege das Gleichgewicht bestimmen, bis zu welchem
sich die Metalle gegenseitig aus dieser Lösung ausfällen. Ruft man diese Ausfällung
durch Legierungen dieser beiden Metalle hervor, so gelangt man zu einer Bestimmung
des Lösungsdruckes in ihnen, wie ich es für Blei-Zinnlegierungen ausgeführt habe
(a. a. O). Diese Möglichkeit dürfte z. B. für Zink-Kadmiumlegierungen bestehen. Aber
auch wenn man durch Komplexbildung usw. nicht ein völliges oder fast völliges Verschwinden, sondern nur eine starke Verminderung der Potentialdifferenz der reinen
Metalle hervorzurufen imstande ist, kann man durch Fällungsversuche mit Legierungen
deren Konstitution aufklären.

Eine Ausfällung des edleren Metalles muß nämlich stets von der Auflösung einer äquivalenten Menge des unedleren begleitet sein; hierzu ist aber eine
Zerstörung der Legierung und Trennung ihrer Bestandteile notwendig. Dieser Vorgang
kann nur eintreten, wenn die freie Energie der Ausfällung des edleren Metalles unter
gleichzeitiger Auflösung des unedleren größer ist, als die zur Zerstörung der Legierung
erforderliche. Ein Maß für die letztere, beziehungsweise für die freie Bildungsenergie
der Legierung, ist die Veränderung, welche der Lösungsdruck des unedleren Metalles
durch Legieren mit dem edleren erleidet. Die Ausfällung des letzteren kann daher
nur in solchen Lösungen erfolgen, in denen die Potentialdifferenz zwischen den
unlegierten Metallen größer ist, als die zwischen der Legierung und dem reinen
unedleren Metalle. Bleibt daher bei einer gewissen Zusammensetzung der Legierung
die Ausfällung des edleren Metalles plötzlich aus, so hat ihre Lösungstension eine
sprunghafte Änderung erfahren, und die Existenz einer chemischen Verbindung ist
erwiesen. Im folgenden soll an der Hand von Versuchen gezeigt werden, welchen
Aufschluß diese Überlegungen auf die Konstitution von Kupfer-Zinklegierungen
gestatten.

2. Der Lösungsdruck der Kupfer-Zinklegierungen.

Bei allen Fällungsversuchen wurden die betreffenden Lösungen mit den fein.
geraspelten Legierungen in mit Glasstopfen verschlossenen Flaschen im Thermostaten
mittels eines Heißluftmotors und rotierender Welle bei 25° geschüttelt. Die Legierungen
wurden aus den reinsten, von C. A. F. Kahlbaum-Berlin bezogenen Metallen in
von A. Lessing-Nürnberg nach Angabe gefertigten unten geschlossenen Kohleröhren

---

[1]) Zeitschr. f. anorgan. Chem. **20**, 453 (1899).

zusammengeschmolzen. Die Erhitzung erfolgte in einem vertikalen elektrischen Widerstandsofen mit Platinfolie von W. C. Heraeus-Hanau, der bei einer Stromstärke von 12 Amp. leicht eine Temperatursteigerung bis 1100° gestattete. Nach dem Erkalten konnte der Regulus mühelos aus dem Kohlerohr herausgeklopft werden. Nach Entfernung der stets angelaufenen Oberflächenschicht wurde die Legierung mit einer Feile geraspelt und die hierbei entstehenden Eisenfeilspäne mit einem starken Magneten entfernt. Zur Analyse wurde das Metallpulver in Salpetersäure gelöst und das Kupfer elektrolytisch abgeschieden. Da die Legierungen keine Kohle aus dem Schmelzrohr aufnahmen und eine Oxydation zu Kupferoxydal ausgeschlossen war, so konnte der Zinkgehalt stets aus der Differenz des Kupfers von 100 berechnet werden.

a) Ausfällung von Kupfer aus cyankalischer Lösung.

Wie oben (Seite 16 ff.) ausgeführt, ist es zur Konstitutionsbestimmung der Legierung erforderlich, die Ausfällung des Kupfers aus solchen Lösungen zu versuchen, in denen z. B. infolge Komplexbildung die Potentialdifferenz zwischen Kupfer und Zink möglichst verkleinert ist. Zu diesem Zwecke scheint eine cyankalische Lösung in erster Linie geeignet, da Cyananionen mit Kupfer viel beständigere komplexe Ionen bilden als mit Zink. Nach einem bekannten Versuche Hittorfs[1]) wird die elektromotorische Kraft eines Daniellelementes ihrer Richtung nach umgekehrt, wenn man zur Kupfersulfatlösung reichlich Cyankalium hinzufügt. In der gemeinsamen Lösung der Cyankaliumdoppelsalze beider Metalle ist zwar Kupfer edler als Zink, doch wird ihre Potentialdifferenz immer kleiner, je größer die Cyankonzentration wird; nach den Messungen Kunscherts[2]) müßte sie in einer an Cyanionen ca. 10-n. Lösung verschwinden. Da aber sich in konzentrierten Cyankaliumlösungen beide Metalle unter Wasserstoffentwickelung auflösen, konnten zu den Schüttelversuchen nur verdünnte Lösungen verwendet werden.

Zunächst wurde die Ausfällung von Kupfer aus Kupfercyankalium durch reines Zink untersucht.

Eine Lösung von Cupricyankalium ist nicht beständig; versetzt man Cuprisulfatlösung mit überschüssigem Cyankalium, so wird alles Cuprisalz zu Cuprosalz unter Entwickelung von freiem Cyan reduziert; beim Schütteln in einer verschlossenen Flasche bildet sich braunes, flockiges Paracyan. Beim Schütteln einer frisch bereiteten Lösung mit Zink wird die Reduktion zu Cuprosalz durch das Zink hervorgerufen. Tabelle I enthält die Resultate einiger Fällungsversuche von Kupfer aus solchen Lösungen durch Zink. Zur Analyse wurden aus den 200 ccm enthaltenden Flaschen 20 ccm herauspipettiert. Diese wurden mit konzentrierter Salpetersäure versetzt, die Blausäure im Wasserdampfstrom ausgetrieben und in Kalilauge aufgefangen. Die Einrichtung war natürlich so getroffen, daß keine Blausäure in die Zimmerluft gelangen konnte. Nach ihrer Verjagung wurde das Kupfer elektrolytisch und darauf

---

[1]) Zeitschr. f. physik. Chem. **10**, 593 (1892).

[2]) Dissertation, Braunschweig **1904**; vergl. auch Bodländer, Ber. d. deutsch. chem. Ges. **36**, 3933 (1903). Vergl. auch Spitzer, Zeitschr. f. Elektrochem. **11**, 345 (1505).

das Zink titrimetrisch bestimmt[1]). Hierzu wurde es in der üblichen Weise durch Schwefelwasserstoff in essigsaurer Lösung gefällt, dieser durch Kochen völlig verjagt, und die Lösung mit einem abgemessenen Volumen titrierter Silbernitratlösung gekocht. Hierbei setzt sich das Zinksulfid quantitativ zu dem viel unlöslicheren Silbersulfid um. Nach dem Absaugen desselben wurde das nicht verbrauchte Silbernitrat mit Rhodanammonium zurücktitriert. Daß diese Methode hinreichend genaue Resultate liefert, beweisen folgende Vergleichsbestimmungen:

5 ccm $ZnSO_4$-Lösung ergaben elektrolytisch (aus Oxalatlösung) 0,0874 g Zn
5 „ „ „ titrimetrisch 0,0870 „ „
5 „ „ „ „ 0,0880 „ „
5 „ „ „ „ 0,0875 „ „

Tabelle I.

Ausfällung von Kupfer aus Cupricyankalium durch Zink.

Tage	Vor dem Schütteln			Nach dem Schütteln in 20 ccm		
	Mol KCN im Liter	Mol $CuSO_4$	mg Cu in 20 ccm	mg Cu gefunden	mg Zn gefunden	mg Zn berechnet
	0,24	0,0502	63,9			
1				51,9	?	
2				42,7	51,5	43,9
4				12,9	⟩ 63,8	59,0
	0,24	0,0502	63,9			
1				41,6	?	
2				23,4	?	
4				9,8	70,2	60,5
5				1,0	125	65
	0,24	0,0251	32,0			
1				31,3	29,8	16,8
2				27,6	38,4	18,7
4				15,7	70,0	24,8

In der letzten Spalte (mg Zn ber.) ist der Zinkgehalt angegeben, wie er sich nach den Reaktionsgleichungen

$$2\,Cu^{..} + Zn = 2\,Cu^{.} + Zn^{..}$$
$$\text{und } 2\,Cu^{.} + Zn = Zn^{..} + 2\,Cu$$

aus dem gefundenen Kupfergehalt berechnen läßt. Der Vergleich mit dem analytisch gefundenen ergibt, daß dieser stets, manchmal sogar recht beträchtlich, größer ist als der berechnete. Offenbar ist Zink nicht nur unter gleichzeitiger Reduktion und Ausfällung von Kupferionen, sondern auch direkt unter Entwickelung von Wasserstoff oder infolge Oxydation durch Luftsauerstoff in Lösung gegangen.

---

[1]) Vergl. Fresenius, Lehrb. II, 2, 371 (1901).

Tabelle II enthält die Beschreibung der Ausfällung von Kupfer aus Cuprocyankalium. Eine Lösung dieses Salzes wurde durch Auflösung von Cuprocyanid (Merck) in Cyankalium hergestellt; hierzu ist mehr als die doppelte Menge von Cyankalium (in Äquivalenten) notwendig. Diese Lösung wurde mit freier KCN-Lösung in der angegebenen Konzentration versetzt und in 200 ccm fassenden Flaschen mit 2 g geraspeltem Zink geschüttelt. Nach der jedesmaligen Entnahme von Lösung zur Analyse wurde wiederum 2 g Zink hinzugefügt; einige Lösungen wurden mit Natriumchlorid versetzt.

Tabelle II.

Ausfällung von Kupfer aus Cuprocyankalium durch Zink.

| Tage | Vor dem Schütteln | | | | Nach dem Schütteln in 20 ccm | | | Bemerkungen |
| | Mol im Liter | | | mg Cu in 20 ccm | | | | |
	$K_2Cu(CN)_3$	freies KCN	Na Cl		mg Cu gefund.	mg Zn gefund.	mg Zn berechn.	
	0,0477	0,10	—	60,8				
2					57,2			} keine Cu-Ausfällung
3					44,0			} sichtbar
	0,0477	0,10	—	60,8				
1					54,4	22,3	6,5	} keine Cu-Ausfällung
2					55,1	35,6	5,8	} sichtbar
	0,0477	0,10	0,05	60,8				
2					43,3			} gelbe Ausfällung
3					12,1	63,2	24,8	} (Messing)
	0,0477	0,10	0,085	60,8				
1					50,3			keine Ausfällung sichtbar
2					47,1			gelbe " "
3					23,4			" " "

Wiederum ist stets, soweit Zinkbestimmungen ausgeführt wurden, bedeutend mehr Zink in Lösung gegangen, als der ausgefällten Kupfermenge äquivalent ist. Ferner ergibt sich aus beiden Tabellen, daß die Ausfällungsgeschwindigkeit außerordentlich gering ist, aber durch den Zusatz von Chlornatrium merklich beschleunigt wird. Um diese auffallende Geschwindigkeitsbeeinflussung näher zu untersuchen, wurde eine weitere Reihe von Ausfällungsversuchen ausgeführt. Es wurde die Cuprocyanid-lösung mit wechselnder Menge von freiem Cyankalium und Chlornatrium mit je 1 g geraspeltem Zink in 50 ccm fassenden Flaschen geschüttelt und nach den angegebenen Zeiten analysiert. Um den Einfluß der Luft möglichst auszuschließen, habe ich die einmal geöffneten Flaschen nicht weiter geschüttelt. Die Ergebnisse sind in Tabelle III enthalten. Die Lösungen wurden durch Verdünnen zweier verschiedener Cuprocyankalium-lösungen hergestellt; die erste (I) enthielt 0,477 g Äquivalente Cuprocyanid und 0,95 Mol Cyankalium im Liter; die zweite (II) entsprechend 0,485 und 1,0, letztere also etwas mehr KCN als der Formel $K_2Cu(CN)_3$ entspricht.

Tabelle III.

Ausfällungsgeschwindigkeit von Kupfer aus Cuprocyankalium durch Zink.

Lösung	Stunden	Vor dem Schütteln				Nach dem Schütteln		Farbe des ausgefällten Metalls
		Mol im Liter			mg Cu in 20 ccm	mg Cu in 20 ccm	Aus-gefällte Menge Cu in Milli-mol	
		$K_2 Cu (CN)_3$	freies KCN	NaCl				
I	18	0,048	—	—	60,8	33,4	21,6	Mischung von gelb und rot
	18	0,048	0,10	—	60,8	54,0	5,3	—
	18	0,048	0,20	—	60,8	57,4	2,7	—
	19	0,048	—	0,09	60,8	28,2	25,6	gelb
	19	0,048	0,1	0,09	60,8	49,0	9,3	—
II	18	0,049	0,001	—	62,1	60,5	1,2	—
	18	0,049	0,001	—	62,1	57,3	3,8	—
	18	0,049	0,001	—	62,1	59,6	1,9	—
	18	0,049	0,001	0,09	62,1	53,2	5,4	—
	18	0,049	0,001	0,25	62,1	17,6	35,0	gelb
	18	0,049	0,001	0,25	62,1	22,5	31,1	„
	18	0,049	0,001	0,25	62,1	60,8	1,2*	—
	18	0,049	0,001	0,25	62,1	3,5	46,0	gelb
	18	0,049	0,001	0,25	62,1	55,4	5,2*	—
	18	0,049	0,001	0,50	62,1	28,7	26,2	gelb
	18	0,049	0,001	0,50	62,1	19,4	33,6	„
	18	0,049	0,001	0,90	62,1	12,6	38,9	„
	18	0,049	0,001	0,90	62,1	12,2	39,2	„
	18	0,049	0,2	0,50	62,1	61,7	0,3	—
	18	0,049	0,2	0,50	62,1	58,6	3,7	—
	42	0,049	0,001	—	62,1	60,2	1,5	—

Die Übereinstimmung der unter gleichen Bedingungen angestellten Versuche ist bis auf zwei mit einem * gekennzeichneten Ausnahmen befriedigend; die vorhandenen Differenzen werden hinreichend durch die wechselnde Oberflächengröße des fällenden Metalles (Feilspäne) erklärt.

Zunächst ergibt sich, daß die Ausfällung aus Lösung II, die von vornherein etwas freies Cyankalium enthielt, langsamer erfolgt als aus Lösung I. In Übereinstimmung hiermit übt der Zusatz von freiem Cyankalium stets einen stark verzögernden Einfluß aus. Der Zusatz von Chlornatrium beschleunigt die Ausfällung beträchtlich, doch wird seine Wirkung durch überschüssiges Cyankalium aufgehoben. Das ausgefällte Kupfer scheidet sich nicht in reinem roten Zustande aus, sondern legiert sich, wie die gelbe Farbe des am Boden liegenden Metalles zeigt, mit dem Zink zu Messing. Derartige Legierungsbildungen bei der Ausfällung sind schon von Mylius und Fromm [1]) vermutet worden.

Das Ausbleiben einer erheblichen Ausfällung von Kupfer durch Zink in den Lösungen, die freies Cyankalium enthalten, ist nicht dadurch zu erklären, daß dieser

---

[1]) Ber. d. deutsch. chem. Ges., **27**, 630 (1894).

Vorgang keine freie Energie mehr zu liefern imstande ist. Es beruht auf der außerordentlichen Kleinheit der Reaktionsgeschwindigkeit. Analoge Erscheinungen, z. B. die Unfähigkeit des Eisens, Kupfer und Silber aus den Lösungen ihrer Nitrate zu fällen, sind seit langem bekannt und werden bei diesem Metall mit dem Namen „Passivität" gekennzeichnet. Stets wirkt der Zusatz von Chloriden auslösend, d. h. katalytisch beschleunigend auf die Ausfällung. Im Verlaufe der Untersuchungen werden noch mehrere Fälle beschrieben werden, in denen das Zink edlere Metalle nur mit sehr geringer Geschwindigkeit aus ihren Lösungen ausfällt und daher „passiv" erscheint.

Zur Ausfällung des Kupfers aus Cuprocyankalium wurden die Lösungen nun mit den geraspelten Legierungen tagelang geschüttelt und von Zeit zu Zeit in je 20 ccm der Lösung der Kupfergehalt analytisch bestimmt. Lösungen, die kein oder nur wenig freies Cyankalium enthielten, trübten sich mitunter nach mehrmaligem Öffnen der Flaschen. Infolge des reichlicheren Luftzutrittes hatte sich dann durch Oxydation des Metalles mehr Zinkcyanid gebildet, als das freie Cyankalium zu lösen vermochte. Der weiße Niederschlag enthielt kein Kupfer; besondere Versuche ergaben, daß beim Schütteln von Cuprocyankaliumlösung mit festem Zinkcyanid keine Umsetzung, d. h. Ausfällung von festem Cuprocyanid, eintritt; dies war auch infolge der größeren Beständigkeit des Cuprokomplexes zu erwarten.

Die Ergebnisse der Fällungsversuche mit Legierungen von 0—57 % Cu sind in Tabelle IV (S. 23 u. 24) enthalten.

Es zeigt sich, daß alle Legierungen, die weniger als 41,2 % Kupfer enthalten, wenn auch wiederum nur sehr langsam, Kupfer aus dem Cyankomplexsalze auszufällen vermögen, da beim Schütteln mit ihnen der Kupfergehalt der Lösungen ständig abnimmt und nach einigen Tagen die rote Kupferausfällung erscheint. Legierungen dagegen, die mehr als 41,2 % Kupfer enthalten, sind hierzu nicht mehr imstande. Trotz tage- und wochenlangen Schüttelns mit ihnen nimmt der Kupfergehalt der Lösungen nicht ab, sondern ständig zu, da, sei es infolge von Oxydation durch den beim Öffnen der Flaschen eintretenden Luftsauerstoff, sei es durch direkte langsame Wasserstoffentwicklung, das am Boden liegende Metall allmählich in Lösung geht. In diesen Legierungen ist also die Lösungstension des Zinks oder einer etwa entstandenen Zinkverbindung nicht groß genug, um Kupfer unter Auflösung des Zinks aus dem Cyankomplex auszufällen, d. h. es ist zur Spaltung dieser Legierungen mehr Energie notwendig, als beim Ersatz des Kupfers im Cyankomplex durch Zink gewonnen werden kann. Es scheint also in diesen Legierungen das Zink mit dem Kupfer nicht physikalisch vermengt oder in ihm gelöst, sondern mit ihm chemisch verbunden zu sein.

b) Ausfällung von Kupfer aus ammoniakalischer Lösung.

Zur weiteren Prüfung dieser Ergebnisse wurde die Ausfällung des Kupfers aus seinen ammoniakalischen Komplexen durch Kupfer-Zinklegierungen mit steigendem Kupfergehalt untersucht, da auch Ammoniak mit Kupfer weit beständigere Komplexe bildet als mit Zink. Schüttelt man eine blaue Cupriammoniaklösung, hergestellt aus Cuprisulfatlösung und überschüssigem Ammoniak, mit reinem Zink, so tritt sofort

Tabelle IV.

Ausfällung von Kupfer aus Cuprocyankalium durch Kupfer-Zinklegierungen.

% Cu der Leg.	Tage	Vor dem Schütteln Mol im Liter			mg Cu in 20 ccm	Nach dem Schütteln mg Cu in 20 ccm	Bemerkungen
		$K_2Cu(CN)_3$	freies KCN	NaCl			
14,6		0,06	0,10	—	75,9		
	1					74,2	
	2					67,7	
	4					37,1	} rote Cu-Ausfällung
	5					8,2	
14,6		0,06	0,10	—	75,9		
	1					74,1	
	2					72,2	
	3					56,1	} rote Cu-Ausfällung
	5					34,4	
31,9		0,06	0,05	—	75,9		
	1					73,7	
	2					72,6	} Ausfällung nicht sichtbar
	4					71,5	
31,9		0,06	0,10	—	75,9		
	2					70,4	
	3					70,2	} Ausfällung nicht sichtbar
	4					68,1	
31,9		0,06	0,05	0,05	75,9		
	1					76,6	
	2					72,4	} Ausfällung nicht sichtbar
	3					67,5	rote Ausf. schwach sichtbar
33,6		0,06	0,05	—	75,9		
	2					75,8	} Ausfällung nicht sichtbar
	3					71,8	
33,6		0,06	0,05	0,05	75,9		
	2					72,9	Ausfällung nicht sichtbar
33,6		0,06	0,05	—	75,9		
	1					68,6	rote Ausfällung sichtbar
35,3		0,06	0,10	—	75,9		
	1					76,6	} Ausfällung nicht sichtbar
	2					73,8	
35,3		0,057	0,095	0,05	72,2		
	1					72,6	
	2					71,0	} Ausfällung nicht sichtbar
	3					71,8	
	5					60,0	} rote Cu-Ausfällung deutlich
	6					56,4	
37,8		0,06	0,05	—	75,9		
	2					71,5	
	3					71,9	} Ausfällung nicht sichtbar
	4					69,6	

% Cu der Leg.	Tage	Vor dem Schütteln Mol im Liter			mg Cu in 20 ccm	Nach dem Schütteln mg Cu in 20 ccm	Bemerkungen
		K_2 Cu (CN)$_3$	freies KCN	NaCl			
37,8		0,06	0,10	0,08	75,9		
	1					72,4	Ausfällung nicht sichtbar
	3					68,6	} rote Cu-Ausfällung sichtbar
	4					66,4	
41,2		0,049	—	—	62,1		
	14					58,4	keine Ausfällung sichtbar
41,2		0,049	—	0,9	62,1		
	20					55,1	keine Ausfällung sichtbar
43,5		0,06	0,10	—	75,9		
	2					80,6	} keine Ausfällung sichtbar
	3					82,3	
43,5		0,06	0,10	—	75,9		
	2					78,6	
	3					84,4	keine Ausfällung sichtbar
43,5		0,049	—	0,9	62,1		
	20					62,7	keine Ausfällung sichtbar
57,4		0,06	0,20	—	75,9		
	1					79,6	
	2					86,5	
	6					103,2	keine Ausfällung sichtbar
57,4		0,06	0,20	—	75,9		
	1					76,2	
	2					84,9	
	3					92,2	
	6					102,0	
	7					112,2	
	8					122,0	keine Ausfällung sichtbar
57,4		0,06	—	—	75,9		
	2					78,7	
	3					81,9	keine Ausfällung sichtbar
57,4		0,06	—	—	75,9		
	1					74,6	
	5					76,8	keine Ausfällung sichtbar
57,4		0,06	—	—	75,9		
	2					76,6	
	3					77,2	keine Ausfällung sichtbar
57,4		0,06	0,20	—	75,9		
	1					79,4	
	2					81,6	
	3					90,2	keine Ausfällung sichtbar
57,4		0,06	0,40	—	75,9		
	2					78,6	
	3					86,7	
	4					98,5	keine Ausfällung sichtbar

Entfärbung ein und das Kupfer wird in schwammiger, brauner Form quantitativ ausgefällt. Beim Schütteln mit Legierungen mit steigendem Kupfergehalt tritt diese Erscheinung langsamer ein, und das ausgefällte Kupfer nimmt kompaktere Form und hellrote Färbung an. Bei Legierungen von über 10 % Kupfer ist zwar die völlige Entfärbung der blauen Lösung nach wenigen Minuten beendet, die Ausfällung des gesamten Kupfers nimmt jedoch geraume Zeit in Anspruch. In diesem Falle ist die Reduktion des Cupriammoniakkomplexes zu dem farblosen Cuproammoniakkomplex durch das Zink der Legierung sofort eingetreten, während die Ausfällung des Kupfers langsamer erfolgt.

Um die Geschwindigkeit dieses Vorganges in ihrer Abhängigkeit von dem Kupfergehalte der Legierung zu untersuchen, verfuhr ich folgendermaßen: In eine Flasche von 200 ccm Inhalt wurde eine blaue Lösung von Cupriammoniumsulfat mit einer Legierung von ca. 35 % Cu geschüttelt. Nach einigen Minuten war stets Entfärbung, d. h. völlige Reduktion des Cuprisalzes zu Cuprosalz eingetreten, ohne daß eine merkliche Ausfällung von Kupfer stattgefunden hatte. Dann drückte ich unter möglichstem Luftabschluß mit Hilfe eines doppelt durchbohrten Stopfens durch einen Kohlensäurestrom die Lösung in kleine Flaschen von je 30 ccm Inhalt, die vorher mit der abgewogenen Menge der Legierung beschickt waren. Gleichzeitig wurde der Cuprogehalt der Lösung nach Zusatz einer sauren Ferrisulfatlösung titrimetrisch mit Permanganat bestimmt. Da die Cuproammoniaklösung sich außerordentlich rasch oxydiert — sie färbt sich an der Luft momentan blau —, so muß man sie zur quantitativen Bestimmung, um diese Fehlerquelle auszuschließen, rasch in die saure Ferrisulfatlösung einfließen lassen, während die Mündung der Pipette in dieselbe eintaucht. Es ergab sich, daß der Cuprogehalt der Lösung stets etwas größer war, als der Kupfergehalt der Cuprilösung vor der Reduktion. Diese hatte also nicht nur nach der Gleichung $2\,Cu^{..} + Zn = 2\,Cu^{.} + Zn^{..}$, sondern auch nach der Gleichung $Cu^{..} + Cu = 2\,Cu^{.}$ stattgefunden.

Tabelle V enthält die Ergebnisse dieser Geschwindigkeitsmessungen. Es wurde immer soviel von jeder einzelnen Legierung abgewogen, daß ihr Gehalt an Zink in jeder Versuchsreihe konstant war (0,1—0,25 g Zn). Hierdurch wurden ungefähr vergleichbare Versuchsbedingungen erzielt.

Tabelle V.

Ausfällungsgeschwindigkeit von Kupfer aus ammoniakalischer Cuprosulfatlösung durch Kupfer-Zinklegierungen.

1. 0,06 n Cu_2SO_4, 0,5 n NH_3, 0,1 g Zn in der Legierung.

% Cu der Legierung		37,8	41,2	45,5	52,6	70,4
Ausgefällte Menge Cu· in Millimolen	nach 1 ½ Stunden	32	2,7	0	0	0
	„ 19 „	50	40,8	3,0	2,5	0

2. 0,06 n Cu_2SO_4, 0,5 n NH_3, 0,2 g Zn in der Legierung.

% Cu der Legierung	14	35,0	41,2	45,5
Ausgefällte Menge Cu· in Millimolen nach 44 Stunden	56,1	61,5	51,8	6,35

3. 0,06 n Cu_2SO_4, 1,0 n NH_3, 0,2 g Zn in der Legierung.

% Cu der Legierung	14	35,0	41,2	45,5	56,8
Ausgefällte Menge Cu· in Millimolen nach 18 Stunden	**60,6**	**48,2**	**48,5**	0,4	2,8

4. 0,06 n Cu_2SO_4, 1,0 n NH_3, 0,2 g Zn in der Legierung.

% Cu der Legierung	35,0	37,8	41,2	49,0
Ausgefällte Menge Cu· in Millimolen nach 18 Stunden	**53,8**	**62,0**	**38,6**	0

Die graphische Darstellung dieser Tabelle ergibt ein sehr bemerkenswertes Bild. Trägt man nämlich für jede einzelne Versuchsreihe den Prozentgehalt der Legierung an Kupfer als Abszisse, die ausgefällte Kupfermenge als Ordinate auf, dann zeigen alle so erhaltenen Kurven einen außerordentlich steilen Abfall zwischen einem Gehalt von 41 und 45 % Kupfer in der Legierung.

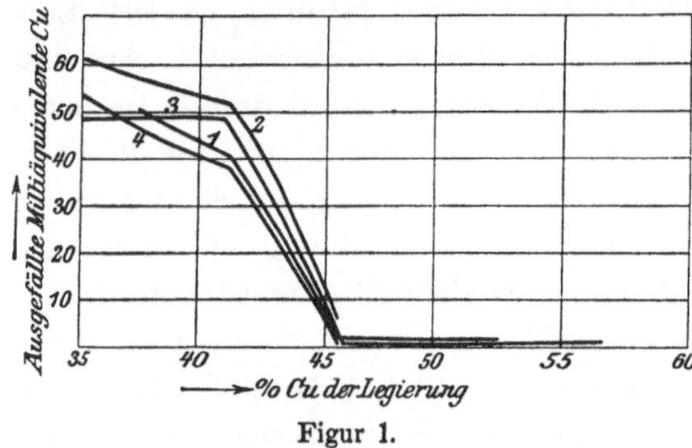

Figur 1.

Die Ausfällungsgeschwindigkeit des Kupfers aus dem Cuproammoniakkomplexe durch Legierungen bis 41 % Cu (die entsprechenden Werte sind in der Tabelle fett gedruckt) ist also von einer anderen Größenordnung als die durch kupferreichere Legierungen. Dies spricht dafür, daß in diesen das fällende Agens eine andere chemische Natur und Energie besitzt, als in den kupferärmeren Legierungen, daß also die Lösungstension derselben im Bereich zwischen 41 und 45 % Cu eine starke Änderung erleidet. Wir gelangen also durch die Fällungsversuche aus den Ammoniakkomplexen zu demselben Ergebnis, das wir an den Cyanidlösungen erhalten hatten.

Aber auch Legierungen mit mehr als 45 % Kupfer sind imstande, wenn auch langsam, Kupfer aus dem Cuproammoniakkomplex auszufällen. Dies geht schon aus den Ergebnissen von Tabelle V hervor und wird noch durch folgende Versuchsreihe mit einer Legierung von 52,4 % Cu bewiesen. Eine blaue Lösung von Cupriammoniaksulfat wurde mit reichlichen Mengen der geraspelten Legierung geschüttelt, nach einiger Zeit der Cuprogehalt der Lösung, wie oben beschrieben, titrimetrisch bestimmt, neues Metall hinzugefügt usf. Dieselben Versuche wurden mit Legierungen von 65,6 % und 70,4 % Kupfer angestellt (Tab. VI).

Zunächst ergibt sich, daß wiederum bei der ersten Titration die Lösung mehr Kupfer enthält als vor dem Schütteln; daraus folgt, daß die Reduktion des Cuprisalzes sich zum Teil unter Auflösung von metallischem Kupfer vollzogen hat. Bei weiterem Schütteln mit der 52 %igen Legierung nimmt jedoch der Cuprogehalt ständig ab, ein Beweis dafür, daß diese Legierung noch Kupfer auszufällen imstande ist. Doch geht diese Reaktion außerordentlich langsam vor sich, ganz ebenso wie die Ausfällung aus cyankalischer Lösung durch Zink und kupferarme Legierungen; man kann daher ebenfalls die Legierungen von mehr als 45 % Cu als „passiv" gegen Cuproammoniaksulfat bezeichnen.

Tabelle VI.

Ausfällung von Kupfer aus Cuproammoniakkomplexen durch Legierungen mit mehr als 45 % Cu.

% Cu der Legierung	Tage	Vor dem Schütteln		mg Cu·· in 10 ccm	Nach dem Schütteln mg Cu· in 10 ccm
		Mol im Liter			
		Cu SO₄	NH₃		
52,4		0,05	0,5	32,0	
	1				38,4
	2				34,6
52,4		0,05	1,0	32,0	
	1				43,8
	2				28,4
	4				21,6
52,4		0,05	1,0	32,0	
	½				45,4
	3				43,8
	4				39,3
52,4		0,05	0,5	32,0	
	1 Stunde				40,4
	1 Tag				27,4
	2				18,2
65,6		0,05	1,0	32,0	
	1				39,4
	3				47,8
70,4		0,05	0,5	32,0	
	1				34,4
	2				34,8
70,4		0,05	1,0	32,0	
	1				37,0
	2				44,2
70,4		0,05	1,0	32,0	
	1				45,4
	2				47,6
	2½				51,0

Beim Schütteln der Lösungen mit Legierungen von über 60 % Cu nimmt der Cuprogehalt auch bei mehrtägiger Versuchsdauer nicht ab, sondern ständig zu. Die Ursache hiervon ist die momentane Oxydation der Cuprolösung beim jedesmaligen Öffnen der Flaschen und die Auflösung von Kupfer bei der darauf folgenden Reduktion. Eine Ausfällung von Kupfer scheint nicht mehr stattzufinden, und die Lösungstension dieser Legierungen daher soweit gesunken zu sein, daß sie nunmehr in ammoniakalischer Lösung nicht mehr unedler sind als Kupfer. Eine einwandsfreie Entscheidung dieser Frage ist jedoch noch nicht abzuleiten, da möglicherweise die Ausfällungsgeschwindigkeit nur so gering ist, daß sie in den vorliegenden Versuchen durch die oben erklärte Auflösung des Kupfers verdeckt wird. Aus demselben Grunde bietet auch die genaue Untersuchung wenig Aussicht, bei welchem Prozentgehalt die Lösungstension der Legierung so klein wird, daß sie zu einer Ausfällung des Kupfers nicht mehr ausreicht.

Alle untersuchten Legierungen besitzen jedoch die Eigenschaft Cupriammoniak-komplexe rasch und vollständig zu Cuprokomplexen zu reduzieren. Reines Kupfer ist hierzu nicht imstande, vielmehr scheint sich beim Schütteln einer Cupriammoniak-lösung mit metallischem Kupfer ein Gleichgewicht einzustellen, welches sich bei wachsender Ammoniakkonzentration mehr und mehr zugunsten des Cuprosalzes ver-schiebt. Die Bedingungen dieses Gleichgewichtes lassen sich leicht aus dem Massen-wirkungsgesetz ableiten.

Bedeutet m die Anzahl der Ammoniakmoleküle, die mit einem Cupriion $[Cu^{..}]$ ein komplexes Ion $[Cu(NH_3)_m^{..}]$ bilden, und n die entsprechende Anzahl für den Cuprokomplex, so gelten für die beiden komplexen Ionen die Zerfallsgleichungen

$$[Cu(NH_3)_m^{..}] = k_1 [Cu^{..}] \cdot [NH_3]^m \tag{1}$$
$$\text{und} \quad [Cu(NH_3)_n^{.}] = k_2 [Cu^{.}] \cdot [NH_3]^n . \tag{2}$$

Ferner stellt sich nach den Untersuchungen von Abel[1], Bodländer und Storbeck[2] und Luther[3] beim Schütteln jeder Cuprilösung mit metallischem Kupfer ein Gleichgewicht zwischen Cupri- und Cuproionen ein, gemäß der Gleichung

$$[Cu^{..}] = k_3 [Cu^{.}]^2. \tag{3}$$

Durch Quadrierung von (2) und Division in (1) ergibt sich daraus unter Berück-sichtigung von (3)

$$\frac{[Cu(NH_3)_m^{..}]}{[Cu(NH_3)_n^{.}]^2} \cdot [NH_3]^{2n-m} = \frac{k_1}{k_2^2} \cdot k_3 = K.$$

Die Konzentrationen der Ionen $Cu(NH_3)_m^{..}$ und $Cu(NH_3)_n^{.}$ kann man ohne merklichen Fehler gleich den analytisch gefundenen des Cupri- und Cuprosalzes setzen. Durch Ausprobieren kann man daher diejenigen ganzzahligen Werte von n und m finden, für welche die linke Seite konstant wird.

Orientierende Vorversuche, die durch Schütteln von Cupriammoniaksulfat mit metallischem Kupfer im Thermostaten bei 25^0 angestellt wurden, haben gezeigt, daß diese Bedingung angenähert erfüllt ist, wenn $n = m = 2$ ist, und die Konzentration des angewendeten Cuprisulfats zwischen 0,05 und 0,1 und die des Ammoniaks zwischen 0,25 und 1,0 Molen im Liter variiert wird. Die Analyse der Lösungen erfolgte durch Titration des Cuprosalzes nach Zusatz von saurer Ferrisulfatlösung und elektrolytischer Bestimmung des Gesamtkupfers. Die Übereinstimmung der Einzel-versuche war nicht gut, weil sich der endgültige Gleichgewichtszustand sehr langsam einstellt und der Zutritt von Luftsauerstoff zu den Lösungen nicht verhütet worden war. Um zuverlässige Werte zu erhalten, müßte hierauf sorgfältig geachtet werden, doch wurde davon Abstand genommen, weil die genaue Feststellung dieses Gleich-gewichtszustandes außerhalb des Planes dieser Abhandlung liegt.

Trotzdem machen die erhaltenen Ergebnisse wahrscheinlich, daß, wie angegeben, sowohl der Cupri- wie der Cuproammoniakkomplex je zwei Moleküle Ammoniak ent-

---

[1]) Ztschr. f. anorgan. Chem. **26**, 361 (1901).
[2]) Ebend. **31**, 1; 458 (1902).
[3]) Ztschr. f. physik. Chem. **84**, 488 (1900); **86**, 385 (1901).

hält. Für den letzteren ist dies schon von Bodländer[1]) bewiesen worden; für den ersteren hatten allerdings Dawson und Mc Crae[2]), Konowalow[3]) und Locke und Forssall[4]) die Molekelzahl 4 angenommen. Doch beziehen sich ihre Messungen im allgemeinen auf an Ammoniak konzentriertere Lösungen. Anderseits hat Bonsdorff[5]) nachgewiesen, daß das Cuprihydroxyd bei geringem Ammoniaküberschuß nur zwei Molekeln, bei größerem dagegen vier addiert. Die Ergebnisse der Gleichgewichtsbestimmungen werden also durch die älteren Angaben gestützt.

Der absolute Wert der Konstanten $K = \dfrac{k_1\, k_3}{k_2{}^2}$ ist nach meinen Messungen etwa $= 10$. Da die Größen k_2 und k_3 bekannt sind, so ist die Berechnung von k_1 möglich. Die Komplexkonstante des Cuproammoniaks ist nach Bodländer (l. c.)

$$k_2 = \frac{1}{1{,}84 \cdot 10^{-9}} = 5{,}44 \cdot 10^8.$$ Die Gleichgewichtskonstante zwischen Cupri- und Cuproionen ist nach Bodländer und Storbeck[6]) $k_3 = 2 \cdot 10^4$. Mithin ist

$$k_1 = \frac{K \cdot k_2{}^2}{k_3} = \frac{10 \cdot 2{,}96 \cdot 10^{17}}{2 \cdot 10^4} = 1{,}5 \cdot 10^{14}.$$

Diese Zahl ist nur als oberer Grenzwert aufzufassen; sie wird kleiner, wenn sich bei längerer Einwirkung das Gleichgewicht noch mehr zugunsten des Cuprosalzes verschiebt. Es zeigt sich, daß der Cupriammoniakkomplex weit beständiger ist als der Cuprokomplex.

c) Ausfällung von Kupfer aus Kupferrhodanür.

Wie früher (Seite 17) ausgeführt, gibt es zwei Mittel, das Verhältnis der Ionenkonzentrationen und damit die Spannungsdifferenz zweier Metalle zu vermindern. Das eine, der Zusatz eines Komplexe bildenden Stoffes, war in den Lösungen von Cyankalium und Ammoniak mit Erfolg benutzt worden. Das zweite besteht in der Anwendung von Anionen, welche mit dem edleren Metalle schwer lösliche, mit dem unedleren leicht lösliche Salze bilden. Hierzu eignen sich für den vorliegenden Fall in erster Linie die Anionen CNS', J', Br', Cl', da sie mit der niederen Oxydationsstufe des Kupfers schwer lösliche Salze bilden, deren Löslichkeit gut bekannt ist und in dieser Reihenfolge wächst.

Schüttelt man eine wässerige Suspension von Kupferrhodanür (von E. Merck-Darmstadt bezogen) mit Stücken von Stangen-Zink, so gehen auch nach einigen Tagen nur sehr geringe Mengen von Zink in Lösung, die mit Ferrocyankalium gerade noch nachweisbar sind. Verwendet man geraspeltes Zink, so geht die Ausfällung etwas rascher vor sich, aber immer noch auffallend langsam. Zu ihrer quantitativen Bestimmung wurde im Filtrat des Kupferrhodanürs das Rhodan mit Silbernitrat titriert;

---

[1]) Festschrift für R. Dedekind, Braunschweig 1901. S. 151.
[2]) Journ. Chem. Soc. **77**, 1239 (1900).
[3]) Journ. russ. phys. Chem. Ges. **31**, 910 (1900).
[4]) Amer. Chem. Journ. **31**, 268 (1904).
[5]) Ztschr. f. anorgan. Chem. **41**, 132 (1904).
[6]) Ebend. **31**, 458 (1902).

das unter Ausfällung von Kupfer in Lösung gegangene Zink mußte diesem äquivalent sein.

Die Lösung enthielt nach 1 Tage 0,02 Mol Zn (CNS)$_2$
"   2   "   0,03 "   "   "
"   3   "   0,035 "   "   "

Es war daher vorauszusehen, daß die Ausfällungsgeschwindigkeit durch Legierungen, soweit vorhanden, ebenfalls sehr gering sein mußte. Dies wurde durch den Versuch bestätigt. Beim Schütteln einer wässerigen Suspension von Kupferrhodanür mit einer Legierung von 37,8 % Cu waren nach 18 Tagen nur qualitativ, aber deutlich nachweisbare Mengen von Zinkrhodanid in Lösung gegangen. Bei Anwendung einer Legierung von 49 % Cu ergab die Lösung nach dieser Zeit keine stärkere Rhodanreaktion als eine an Kupferrhodanür gesättigte Lösung; hier war also kein Kupfer ausgefällt worden. Es ist also zu vermuten, daß die Legierungen mit mehr als 45 % Cu, deren Lösungstension, wie oben ausgeführt, beträchtlich kleiner ist als die der Legierungen von geringerem Kupfergehalt, in Rhodanürlösungen nicht mehr unedler sind als Kupfer.

d) Ausfällung von Kupfer aus Kupferjodür.

Die Ausfällung des Kupfers aus Kupferjodür geht rascher vor sich und gibt daher bessere Resultate. Schüttelt man eine Suspension von Kupferjodür mit Zink, so färbt sich die Flüssigkeit sofort dunkel und es scheidet sich bald ein dicker, flockiger, schwarzer Niederschlag von Kupfer aus, während sich gleichzeitig die Lösung nach vollständiger Reduktion des Kupferjodürs klärt. Das ausgefallene Metall ist schwammig und voluminös; offenbar ist durch die große Oberfläche die eigentümliche dunkle Farbe zu erklären.

Schüttelt man Kupferjodür mit Legierungen, so tritt dieselbe Erscheinung auf, falls diese nicht mehr als etwa 15 % Kupfer enthalten. Bei höherem Kupfergehalt geht die Ausfällung langsamer vor sich, und das Metall nimmt mehr und mehr seine hellrote Färbung an. Enthalten die Legierungen weniger als 40 % Kupfer, so ist stets nach einigen Stunden die leuchtendrote Ausfällung sichtbar; gleichzeitig enthält die Lösung größere Mengen von Zinkjodid. Bei Lösungen mit mehr als 45 % Kupfer wird die Ausfällung erst nach mehreren Tagen sichtbar. Es zeigt sich also derselbe Unterschied in der Ausfällungsgeschwindigkeit wie in den ammoniakalischen Lösungen, und die Annahme einer tiefgreifenden chemischen Veränderung der kupferreicheren Legierungen erhält eine weitere Bestätigung.

Legierungen von mehr als 60 % Kupfer sind auch nach mehreren Wochen nicht imstande, Kupfer aus Jodürlösung auszufällen; denn nach dieser Zeit war weder eine rote Ausfällung sichtbar noch Zinkjodid in der Lösung nachweisbar.

Es wurde nun eine Versuchsreihe angesetzt, bei welcher Zinkjodid in bekannter Konzentration mit festem Kupferjodür und den geraspelten Legierungen geschüttelt wurde. Wurde Kupfer ausgefällt, so mußte die Zinkjodidkonzentration zunehmen, andernfalls mußte sie konstant bleiben.

Die Zinkjodidlösung wurde durch Auflösen eines von Merck bezogenen Salzes hergestellt; der hierbei infolge von Hydrolyse entstehende flockige Niederschlag wurde abfiltriert; der Jodidgehalt wurde titrimetrisch mit Silbernitrat und Kaliumchromat als Indikator, der Zinkgehalt gravimetrisch nach Fällung als Karbonat bestimmt. Wie nach der hydrolytischen Abscheidung vorauszusehen war, war die Lösung schwach sauer; sie enthielt z. B. 0,480 g-Äquivalente Jod und nur 0,462 g-Äquivalente Zink. Die folgende Tabelle VII enthält Versuche, die mit dieser und anderen ebenso hergestellten Lösungen ausgeführt wurden. Der Gehalt wurde stets titrimetrisch mit Silbernitrat bestimmt, die angegebenen Zahlen geben die g-Äquivalente Jod im Liter an.

Tabelle VII.

Ausfällung von Kupfer aus Kupferjodür durch Kupfer-Zinklegierungen.

$\%$ Cu der Legierung	Tage	Gehalt an ZnJ_2 (g-Äquivalente J im Liter) vor dem Schütteln	nach dem Schütteln	
52,4		0,076		
	6		0,130	rote Fällung
52,4		0,116		
	3		0,118	}rote Fällung
	6		0,155	
55,2		0,116		
	2		0,120	rote Fällung
55,7		0,119		
	3		0,129	}rote Fällung
	6		0,132	
56,7		0,0637		
	2		0,0706	rote Fällung
60,0		0,119		
	3		0,142	rote Fällung
62,3		0,125		
	2		0,116	}keine Fällung sichtbar
	3		0,106	
65,6		0,067		
	2		0,067	}keine Fällung sichtbar
	6		0,058	

$\%$ Cu der Legierung	Tage	Gehalt an ZnJ_2 (g-Äquivalente J im Liter) vor dem Schütteln	nach dem Schütteln	
65,6		0,119		
	14		0,115	}keine Fällung sichtbar
	19		0,109	
70,4		0,023		
	6		0,018	}keine Fällung sichtbar
	10		0,0085	
	13		0,003	
70,4		0,116		
	3		0,116	}keine Fällung sichtbar
	6		0,081	
	10		0,070	
70,4		0,119		
	3		0,117	}keine Fällung sichtbar
	5		0,112	
	6		0,102	
70,4		0,119		
	14		0,119	}keine Fällung sichtbar
	19		0,115	
70,4		0,489		
	3		0,434	}keine Fällung sichtbar
	6		0,415	

Es ergibt sich wieder, daß Legierungen bis zu 60 % Kupfer unter Auflösung von Zink das Kupfer aus dem Jodür auszufällen vermögen. Hierbei wurde beobachtet, daß die rote Farbe des ausgefällten Kupfers im allgemeinen um so eher auftrat, je größer der anfängliche Gehalt der Lösung an Zinkjodid war. Dies zeigt, daß diese Lösungen noch weit entfernt von einem Gleichgewichtszustande sind, und daß wahrscheinlich die Ausfällungsgeschwindigkeit mit der Leitfähigkeit der Lösung parallel geht, wie es nach der Theorie der Lokalelemente zu erwarten ist.

Enthielten die Legierungen mehr als 62 % Kupfer, so konnte niemals, auch nicht nach Wochen, eine Zunahme des Zinkjodidgehaltes und somit eine Ausfällung von Kupfer bemerkt werden, im Gegenteil, der Gehalt an Zinkjodid nahm in allen Versuchen allmählich ab.

Dieselbe auffällige Erscheinung zeigte sich auch beim Schütteln einer Lösung von Zinkjodid mit reinem Kupfer, unter gleichzeitiger Abscheidung eines gelblichen Niederschlages von Kupferjodür, wie durch folgende kleine Tabelle erläutert wird.

Tage	Gehalt an ZnJ_2 (g-Äquivalente J im Liter)	
	vor dem Schütteln	nach dem Schütteln
	0,062	
2		0,060
6		0,0545
	0,120	
2		0,112
4		0,108
8		0,096
	0,120	
15		0,110
19		0,095

Es scheint also, als ob Zink ausgefällt und Kupfer unter nachträglicher Bildung des unlöslichen Jodürs in Lösung gegangen wäre. Da aber die Reaktion

$$2\,Cu + Zn\,J_2 \rightleftarrows Zn + 2\,CuJ,$$

wie vorher gezeigt wurde, von rechts nach links verläuft, so kann in den eben beschriebenen Versuchen kein reines Zink ausgefällt werden. Es müßte vielmehr in Form einer Legierung mit Kupfer von sehr viel geringerem Potential ausfallen, und die in Tabelle VII niedergelegten Versuche haben tatsächlich gezeigt, daß beim Ersatz des Zinks durch eine Legierung mit mehr als 62% Kupfer die Reaktion in obiger Gleichung nicht mehr von rechts nach links verlaufen kann.

Eine solche, allerdings mögliche, aber doch auffällige Ausfällung von Zink durch Kupfer konnte jedoch nicht bewiesen werden, vielmehr bietet sich mit großer Wahrscheinlichkeit eine andere Erklärung für die Abnahme des Zinkjodidgehaltes beim Schütteln mit Kupfer: der in den Lösungen vorhandene und beim jedesmaligen Öffnen der Flaschen neu hinzutretende Sauerstoff verbindet sich mit dem Kupfer zu Kupferoxydul, und dieses setzt sich mit Zinkjodid um zu Zinkoxyd und Kupferjodür. Da beide Stoffe unlöslich sind, muß der Gehalt der Lösung an Zink- und Jodionen abnehmen.

Diese Reaktion tritt tatsächlich ein; denn in dem entstehenden Niederschlag wurden neben Kupferjodür reichliche Mengen von Zinkoxyd nachgewiesen. Eine Ausfällung von metallischem Zink, beziehungsweise einer Legierung, ist daher nicht erwiesen.

Die Versuche mit Kupferjodür haben aber zu dem sicheren, schon im Abschnitt c vermuteten Ergebnis geführt, daß die Lösungstension der Kupfer-Zinklegierungen in dem Intervall von 60—62% Kupfer eine zweite starke Änderung erleidet, so daß die Existenz einer zweiten chemischen Verbindung zwischen diesen beiden Metallen wahrscheinlich gemacht wird.

e) Die Passivität der Kupfer-Zinklegierungen.

Die Annahme dieser zweiten chemischen Verbindung zwischen Kupfer und Zink wird durch eine Reihe von Geschwindigkeitsmessungen gestützt, die die Ausfällung des Kupfers aus seinen nicht komplexen und leicht löslichen Salzen behandeln. Aus diesen muß das Kupfer durch sämtliche Legierungen mit Zink ausgefällt werden, gleichgültig, ob diese eine chemische Verbindung oder eine Mischung darstellen, denn stets hat die Legierung einen größeren Lösungsdruck als das Kupfer und muß bei annähernd gleicher Ionenkonzentration gegen dieses ein unedleres Potential annehmen.

Aus diesem Grunde entsteht bei allen Legierungen, auch bei einem Gehalte von 95% Kupfer beim Schütteln mit Kupferchloridlösung bald eine deutliche rote Ausfällung, und die blaugrüne Lösung wird allmählich entfärbt. Ganz anders verhalten sich jedoch die Legierungen gegenüber den Lösungen von Kupfersulfat und -nitrat. Aus diesen vermögen nur Legierungen mit weniger als 60% Kupfer eine rasche rote Ausfällung hervorzurufen. Bei höherem Kupfergehalt bleibt eine solche auch bei tagelangem Schütteln aus, und die Färbung der Lösung scheint unverändert zu sein. Quantitative Messungen ergaben allerdings, daß eine langsame Kupferausfällung eintritt, doch ist die Größenordnung ihrer Geschwindigkeit eine andere als bei den kupferärmeren Legierungen.

Tabelle VIII gibt einen Überblick über diese Verhältnisse. Es wurden Lösungen von bekanntem Gehalt mit den abgewogenen Mengen der geraspelten Legierungen im Thermostaten geschüttelt und nach der angegebenen Zeit der Kupfergehalt jodometrisch bestimmt. Wiederum waren die Mengen der Legierungen so gewählt, daß in allen Flaschen einer Versuchsreihe gleich viel Zink enthalten war. Eine merkliche Reduktion zu Cuprosalz war niemals eingetreten.

Tabelle VIII.

Ausfällung von Kupfer aus Sulfat und Nitrat durch Kupfer-Zinklegierungen.

Anfangsgehalt der Lösung 0,10 Äquivalente $CuSO_4$. (Kurve 1 in Figur 2.)

$\%$ Cu der Legierung	44,3	49,1	55,2	56,9	65,2	70,4
Ausgefällt: Äquivalente $CuSO_4$ in 18 Std. . .	0,10	0,10	0,092	0,086	0,014	0,013
„ 22 „ . .	—	0,10	0,10	0,081	0,023	—
„ 24 „ . .	—	0,10	0,10	0,089	0,020	0,019

Anfangsgehalt der Lösung 0,125 Äquivalente $CuSO_4$. (Kurve 2 in Figur 2.)

$\%$ Cu der Legierung	55,2	56,9	59,0	60,0	65,2	70,4
Ausgefällt: Äquivalente $CuSO_4$ in 18 Std. . .	0,125	0,125	—	—	0,030	0,025
„ 42 „ . .	0,125	0,125	0,125	0,125	0,029	0,022

Anfangsgehalt der Lösung 0,118 Äquivalente $Cu(NO_3)_2$.

$\%$ Cu der Legierung	55,2	65,2	70,4
Ausgefällt: Äquivalente $Cu(NO_3)_2$ in 18 Std.	0,115	0,012	—

Anfangsgehalt der Lösung 0,262 Äquivalente $Cu(NO_3)_2$. (Kurve 3 in Figur 2.)

% Cu der Legierung	55,2	62,3	65,2	70,4
Ausgefällt:				
Äquivalente $Cu(NO_3)_2$ in 18 Std.	**0,163**	0,027	0,029	0,010
„ 42 „	—	0,058	—	—
„ 66 „	—	0,066	—	—

Figur 2, die die Ergebnisse graphisch darstellt, zeigt dasselbe Bild wie Figur 1, d. h. ein sehr starkes Abfallen der Ausfällungsgeschwindigkeit in einem engen Konzentrationsbereich der Legierung.

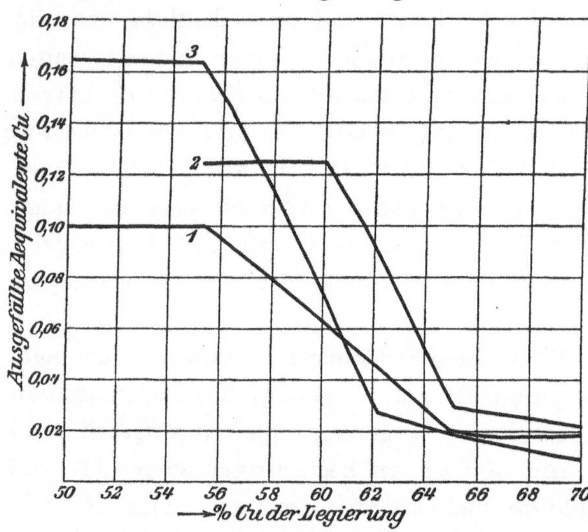

Fig. 2.

In demselben Intervall von 60—62% Kupfer, in welchem die Lösungstension der Legierungen zu klein wird, um die Reduktion von Kupferjodür und Cuproammoniak hervorzurufen, hört auch die Fähigkeit auf, Kupfer aus Sulfat- und Nitratlösungen rasch auszufällen. Wir haben also ebenso wie bei den Legierungen von 41—45% Kupfer mehrere unabhängige Beweise für die plötzliche Verminderung des Lösungsdruckes.

Ebenso wie die Legierungen von über 45% Kupfer gegenüber dem Cuproammoniaksulfat, sind die Legierungen mit mehr als 62% Kupfer dem Cuprisulfat und -nitrat gegenüber als passiv zu bezeichnen. Denn obwohl die Ausfällung des Kupfers durch sie mit einer beträchtlichen Abnahme der freien Energie verbunden ist — ihr Betrag wird weiter unten berechnet werden —, geht dieser Vorgang doch nur mit sehr geringer Geschwindigkeit vor sich. Dies Verhalten ist z. B. mit dem des passiven Eisens in Lösungen von Silbernitrat durchaus zu vergleichen, besonders da die Ausfällung aus Chlorid sehr rasch vor sich geht. Diese Passivität ist wohl die Ursache der übereinstimmenden Angaben älterer Forscher[1]), nach denen Messing Kupfer nicht aus seinen Salzlösungen auszufällen vermag.

Sind die Lösungen sauer, so wird die Ausfällungsgeschwindigkeit vergrößert, und zwar nach Maßgabe des Säuretiters. Dies wird z. B. durch folgende Versuchsreihe erläutert.

0,3 g Legierung (65,2% Cu), 0,10 g-Äquivalente $CuSO_4$.

Äquivalente H_2SO_4	Ausgefällt in 18 Std. Äquivalente $CuSO_4$	
0	0,010	
0,1	0,016	
0,2	0,056	rote Fällung
0,5	0,070	„

---

[1]) Vergl. z. B. Dammer, Handb. d. anorgan. Chem. II, **2**, 742.

Man kann also durch den Zusatz freier Säure (ebenso wie durch den von Halogensalzen) Übergänge zwischen dem passiven und aktiven Zustande herstellen. Diese Tatsache ist für die Theorie der Passivität von Wichtigkeit und steht mit den von mir an anderer Stelle[1]) entwickelten Gesichtspunkten im Einklang.

f) Ausfällung von Kupfer aus Bromür und Chlorür.

Aus den Lösungen von Bromür und Chlorür wird Kupfer durch alle Legierungen, selbst solche von 94% Kupfer, rasch ausgefällt. Schüttelt man eine wässerige Suspension des Bromürs — hergestellt aus Bromid und schwefliger Säure — mit reinem Zink, so wird das Kupfer, ebenso wie aus dem Jodür (vergl. S. 30) momentan in dicken schwarzen Flocken gefällt. Durch Legierungen, die nicht sehr wenig Kupfer enthalten, wird es in kompakter, roter Form gefällt.

In Lösungen von Chlorür dagegen, denen gerade so viel freie Salzsäure hinzugefügt ist, daß sich kein gelbes Oxydul hydrolytisch abscheidet, entsteht Kupfer stets, auch bei der Fällung durch reines Zink, als roter Niederschlag, doch ist dieser um so schwammiger, je zinkreicher die Legierung ist.

Aus diesen Versuchen kann mit großer Wahrscheinlichkeit geschlossen werden, daß die Lösungstension von Legierungen, die mehr als 62% Kupfer enthalten, keine starke Änderung mehr erfährt, da sie stets ausreichend ist, um Kupfer aus der Bromürlösung auszufällen. Diese Legierungen sind daher als Mischungen oder Lösungen der zweiten Kupfer-Zink-Verbindung mit reinem Kupfer aufzufassen.

g) Berechnung des Lösungsdruckes der Kupfer-Zinklegierungen.

Durch die im vorhergehenden beschriebenen Versuche ist bewiesen worden, daß es zwei chemische Verbindungen zwischen Kupfer und Zink gibt, von denen die eine in den Legierungen von 45—60% Kupfer, die zweite im Gebiete von 62—100% Kupfer potentialbestimmend ist. Legierungen mit weniger als 41% Kupfer haben wahrscheinlich angenähert das Potential des reinen Zinks, weil sie alle Fällungsreaktionen desselben hervorrufen können. Im folgenden soll der ungefähre Wert der Lösungstensionen dieser einzelnen Legierungen und damit der der freien Bildungsenergie der einzelnen Verbindungen berechnet werden.

Nach der Nernstschen Theorie ist, wie öfters ausgeführt, die Potentialdifferenz zwischen den Metallen Kupfer und Zink in einer gemeinsamen Lösung ihrer Salze

$$\pi = \frac{RT}{n\varepsilon} \ln \frac{C_{Zn}}{c_{Zn}} - \frac{RT}{n\varepsilon} \ln \frac{C_{Cu}}{c_{Cu}}, \qquad (1)$$

wenn C die Lösungsdrucke und c die Ionenkonzentrationen bedeuten. Wenn π positiv ist, so geht Zink in Lösung und Kupfer wird ausgefällt.

Ersetzt man das Zink durch eine Legierung, deren Lösungstension mit C'_{Zn} bezeichnet sei, so erhält man die Potentialdifferenz

$$\pi' = \frac{RT}{n\varepsilon} \ln \frac{C'_{Zn}}{c_{Zn}} - \frac{RT}{n\varepsilon} \ln \frac{C_{Cu}}{c_{Cu}}. \qquad (2)$$

---

[1]) Zeitschr. f. Elektrochem. **10**, 841 (1904).

Dieser Wert ist positiv, wenn Kupfer durch die Legierung aus der betreffenden Lösung ausgefällt wird, negativ oder null, wenn die Ausfällung unterbleibt. Da die Werte $\dfrac{RT}{n\varepsilon} \ln \dfrac{C_{Cu}}{c_{Cu}}$ für alle von mir untersuchten Lösungen bekannt und die Ionenkonzentrationen c_{Zn} berechenbar sind, so läßt sich aus dem Auftreten oder Ausbleiben der Ausfällung die Lösungstension C'_{Zn} wenigstens innerhalb gewisser Grenzen einschließen.

Das Ergebnis der Fällungsversuche kann folgendermaßen zusammengefaßt werden.

Legierungen bis 41% Cu (Legierungen I) fällen Kupfer aus allen Lösungen, also auch aus Cyanür und Rhodanür.

Legierungen von 45—60% Cu (Legierungen II) fällen Kupfer nicht aus Cyanür und Rhodanür, dagegen aus Jodür und dem Ammoniakkomplex.

Legierungen von 62—100% Cu (Legierungen III) fällen Kupfer auch nicht aus Jodür und dem Ammoniakkomplex, dagegen aus Bromür und Chlorür.

Am einfachsten gestaltet sich die Berechnung des Lösungsdruckes für die Versuche an den schwer löslichen Salzen. Nach den Messungen von Cl. Immerwahr[1] ist das Potential des Kupfers, bezogen auf das Wasserstoffpotential in n-Säure als Nullwert, in den Lösungen seiner schwerlöslichen Oxydulsalze bei Gegenwart von 0,05 Mol. eines Elektrolyten mit gleichem Anion

$$Cu\,/\,CuCNS = +\,0,203\ \text{Volt}$$
$$Cu\,/\,CuJ \quad = +\,0,090\quad\text{„}$$
$$Cu\,/\,CuBr \quad = -\,0,127\quad\text{„}$$

Da die angestellten Fällungsversuche in Lösungen vorgenommen wurden, die an Zinksalzen ungefähr 0,05 normal waren, so gelten für die Lösungsdrucke C^I, C^{II}, C^{III} der Legierungen I, II, III die Ungleichungen

$$\frac{RT}{2\varepsilon} \ln \frac{C^I}{0,05} > 0,203\ \text{Volt} \qquad\text{(a)}\quad\text{(Fällung aus Rhodanür),}$$

$$\frac{RT}{2\varepsilon} \ln \frac{C^{II}}{0,05} \begin{matrix} > 0,090\ \text{Volt} \\ < 0,203\quad\text{„} \end{matrix} \qquad\text{(b)}\quad\text{(Fällung aus Jodür, Nichtfällung aus Rhodanür),}$$

$$\frac{RT}{2\varepsilon} \ln \frac{C^{III}}{0,05} \begin{matrix} > -\,0,127\ \text{Volt} \\ < +\,0,090\quad\text{„} \end{matrix} \qquad\text{(c)}\quad\text{(Fällung aus Bromür, Nichtfällung aus Jodür).}$$

Eine Vermehrung der Ionenkonzentration um das 20fache vermindert die Potentialdifferenz um etwa 0,04 Volt, daher gelten für die Elektrodenspannungen der Legierungen in an Zn-Ionen normaler Lösung die Ungleichungen

$$\frac{RT}{2\varepsilon} \ln C^I > \quad 0,16\ \text{Volt}$$

$$\frac{RT}{2\varepsilon} \ln C^{II} \begin{matrix} > \quad 0,05\quad\text{„} \\ < \quad 0,16\quad\text{„} \end{matrix}$$

$$\frac{RT}{2\varepsilon} \ln C^{III} \begin{matrix} > -\,0,17\quad\text{„} \\ < +\,0,05\quad\text{„} \end{matrix}$$

---

[1] Zeitschr. f. Elektrochem. **7**, 477, (1901).

Das Potential des reinen Zinks in an Zn-Ionen normaler Lösung ist nach Wilsmore[1]

$$\frac{RT}{2\,\varepsilon} \ln C_{Zn} = 0{,}77 \text{ Volt.}$$

Die Potentialdifferenz der Legierungen gegen reines Zink, d. h. die Erniedrigung des Lösungsdruckes, beträgt daher

$$\pi_{\text{Leg I}} - \pi_{Zn} = \frac{RT}{2\,\varepsilon}\,\frac{C^{I}}{C_{Zn}} > -0{,}61 \text{ Volt}$$

$$\pi_{\text{Leg II}} - \pi_{Zn} = \frac{RT}{2\,\varepsilon}\,\frac{C^{II}}{C_{Zn}} \begin{matrix} < -0{,}61 \;\; „ \\ > -0{,}72 \;\; „ \end{matrix}$$

$$\pi_{\text{Leg III}} - \pi_{Zn} = \frac{RT}{2\,\varepsilon}\,\frac{C^{III}}{C_{Zn}} \begin{matrix} < -0{,}72 \;\; „ \\ > -0{,}94 \;\; „ \end{matrix}$$

Aus den Fällungsversuchen in den komplexen Lösungen ergeben sich folgende Werte:

In cyankalischer Lösung ist nach den Angaben Bodländers[2] die Potentialdifferenz zwischen Zink und Kupfer gegeben durch die Gleichung

$$\pi = 1{,}287 - 0{,}029 \log \frac{D_{Zn}}{c_{CN}{}^{3}} - 1{,}098 + 0{,}058 \log \frac{D_{Cu}}{c_{CN}{}^{3,5}} \text{ Volt,}$$

wenn D die Konzentration des betreffenden Komplexsalzes und c_{CN} die der freien Cyanionen bedeutet. Tritt an die Stelle des reinen Zinks eine Legierung, so ändert sich nur der Wert der ersten Konstanten; für den Wert 1,287 tritt dann der Wert x ein.

Die Potentialdifferenz zwischen reinem Zink und der Legierung ist dann gegeben durch

$$\pi_{\text{Leg}} - \pi_{Zn} = x - 1{,}287.$$

In meinen Fällungsversuchen betrug ungefähr $D_{Zn} = D_{Cu} = 0{,}1$ und $c_{CN} = 0{,}1$ (eine Änderung von D selbst um das Zehnfache verändert den π-Wert nur geringfügig); mithin ist

$$\pi = x - 0{,}058 - 1{,}098 + 0{,}145 \text{ Volt}$$
$$= x - 1{,}011 \text{ Volt.}$$

Für die Legierungen I (Fällung von Kupfer aus Cyankalium) ergibt sich daher

$$x^{I} > 1{,}011 \text{ Volt}$$

und für die Legierungen II (Nichtfällung aus Cyankalium)

$$x^{II} < 1{,}011 \text{ Volt.}$$

Daraus folgt für die Potentialdifferenz zwischen diesen Legierungen und dem reinen Zink

$$\pi_{\text{Leg I}} - \pi_{Zn} > x^{I} - 1{,}287 > -0{,}276 \text{ Volt}$$
$$\text{und } \pi_{\text{Leg II}} - \pi_{Zn} < \qquad\qquad -0{,}276 \quad „$$

Beide Werte reihen sich den oben gegebenen gut ein.

Zur Berechnung der Fällungsversuche aus ammoniakalischer Lösung ist es zweckmäßig auf Gleichung (2) zurückzugreifen und die Ionenkonzentrationen c_{Zn} und

---

[1] Zeitschr. f. physik. Chem. **35**, 291, (1900).

[2] Ber. d. deutsch. chem. Gesellsch. **36**, 3933, (1903) nach Versuchen von Kunschert, Zeitschr. f. anorg. Chem. **41**, 359 (1904).

c_{Cu} aus den von Bodländer[1]) und Euler[2]) bestimmten Komplexkonstanten zu berechnen. Nach Euler treten zu einer Zinkmolekel 4 Molekeln Ammoniak. Zwischen den freien Zinkionen und dem Komplexsalz besteht die Gleichung

$$c_{Zn} \cdot [NH_3]^4 = k_1 \cdot [Zn(NH_3)_4{}^{\cdot\cdot}].$$

Entsprechend ist für den Cuproammoniakkomplex, dessen Molekel nach den übereinstimmenden Ergebnissen von Bodländer[1]) und mir[3]) nur 2 Molekeln Ammoniak enthält

$$c_{Cu} \cdot [NH_3]^2 = k_2 [Cu(NH_3)_2{}^{\cdot}].$$

Gleichung (2) nimmt nach einer einfachen Umformung die Form an

$$\pi = \frac{RT}{2\varepsilon} \ln C' - \frac{RT}{\varepsilon} \ln C_{Cu} - \frac{RT}{2\varepsilon} \ln \frac{c_{Zn}}{c_{Cu}{}^{\cdot2}}.$$

Es ist
$$\frac{c_{Zn}}{c_{Cu}{}^{\cdot2}} = \frac{k_1}{k_2{}^2} \cdot \frac{[Zn(NH_3)_4{}^{\cdot\cdot}]}{[Cu(NH_3)_2{}^{\cdot}]^2},$$

also das Verhältnis der Ionenkonzentrationen und daher auch die Potentialdifferenz, unabhängig von dem Ammoniakgehalt.

Sind die Lösungen an Zink- und Kupfersalz je 0,1 normal, so ergibt sich, da nach Bodländer $k_2 = 1,84 \cdot 10^{-9}$ und nach Euler $k_1 = 2,6 \cdot 10^{-10}$ ist,

$$\frac{c_{Zn}}{c_{Cu}{}^{\cdot2}} = \frac{2,6 \cdot 10^{-10}}{3,4 \cdot 10^{-18} \cdot 0,1} = 0,765 \cdot 10^9.$$

Der Zahlenwert von $\dfrac{RT}{2\varepsilon} \ln \dfrac{c_{Zn}}{c_{Cu}{}^2}$ beträgt dann $8,9 \cdot 0,029 = 0,26$ Volt.

Ferner ist nach Bodländer und Storbeck[4]) die Elektrodenspannung für einwertiges Kupfer $\dfrac{RT}{\varepsilon} \ln Cu = -0,454$ Volt; mithin wird in ammoniakalischer Lösung

$$\pi = \frac{RT}{2\varepsilon} \ln C' + 0,454 - 0,26 \text{ Volt.}$$

Für die Legierungen II (Ausfällung von Kupfer aus dem Ammoniakkomplex) ist daher
$$\frac{RT}{2\varepsilon} \ln C^{II} > 0,194 \text{ Volt}$$

und entsprechend für Legierung III (Nichtausfällung)
$$\frac{RT}{2\varepsilon} \ln C^{III} < 0,194 \text{ Volt.}$$

Die Potentialdifferenz zwischen diesen Legierungen und Zink ist dann
$$\pi_{Leg\ II} - \pi_{Zn} > -0,58 \text{ Volt}$$
$$\pi_{Leg\ III} - \pi_{Zn} < -0,58 \text{ „}$$

Eine Zusammenstellung der nach den verschiedenen Methoden berechneten Werte ergibt:

---

[1]) Festschrift für Dedekind, Braunschweig 1901, 5, 153.
[2]) Ber. d. deutsch. chem. Gesellsch. 36, 3400, (1903).
[3]) Vergl. S. 28.
[4]) Zeitschr. f. anorgan. Chem. 31, 1 u. 458, (1902).

$\pi_{\text{Leg I}} \; - \; \pi_{\text{Zn}} > - \; 0{,}28$ Volt (Ausfällung aus Cyanür)

$> - \; 0{,}61$ „ („ „ Rhodanür);

$\pi_{\text{Leg II}} \; - \; \pi_{\text{Zn}} < - \; 0{,}28$ Volt (Nichtausfällung von Cyanür)

$< - \; 0{,}61$ „ („ „ Rhodanür)

$> - \; 0{,}58$ „ (Ausfällung von Ammoniakkomplex)

$> - \; 0{,}72$ „ („ „ Jodür);

$\pi_{\text{Leg III}} \; - \; \pi_{\text{Zn}} < - \; 0{,}58$ „ Nichtausfällung von Ammoniakkomplex

$< - \; 0{,}72$ „ „ „ Jodür

$> - \; 0{,}94$ „ Ausfällung von Bromür.

Die Legierungen I scheinen keine chemische Verbindung, sondern ein Gemenge oder wahrscheinlicher eine feste Lösung von Kupfer in Zink darzustellen, da ihre Lösungstension nur wenig oder gar nicht von der des reinen Zinks verschieden ist. In den Legierungen II ist jedenfalls kein freies Zink mehr vorhanden, doch führt die Berechnung ihrer Lösungstension zu einem geringen Widerspruch, indem dieselbe $< - \; 0{,}61$ und $> - \; 0{,}58$ Volt sein soll. Diese Abweichung kann entweder dadurch bedingt sein, daß die zur Berechnung benutzten Konstanten der Ammoniakkomplexe nicht ganz richtig sind[1]) — dann würde sich die Grenze $-0{,}58$ Volt verschieben — oder dadurch, daß nach sehr langer Zeit schließlich doch eine Ausfällung von Kupfer aus Rhodanür durch diese Legierungen eintritt. Jedenfalls begeht man keinen großen Fehler, wenn man den Lösungsdruck dieser ersten chemischen Verbindung zu rund 0,6 Volt unter dem des Zinks annimmt; der Lösungsdruck der zweiten Verbindung liegt dann rund 0,2 Volt unter dem der ersten.

Es entsteht nun die Frage nach der Zusammensetzung und Formel dieser Verbindungen.

Ältere Autoren[2]) haben in den Kupfer-Zinklegierungen die Verbindungen $CuZn_2$, Cu_2Zn_3, $CuZn$, Cu_2Zn angenommen. Ihre prozentische Zusammensetzung ist

$Cu\,Zn_2 = 32{,}7\,\%$ Cu $67{,}3\,\%$ Zn

$Cu_2\,Zn_3 = 39{,}4$ „ „ $60{,}6$ „ „

$Cu\,Zn = 49{,}3$ „ „ $50{,}7$ „ „

$Cu_2\,Zn = 66{,}1$ „ „ $33{,}9$ „ „

Die von mir festgestellten Unstetigkeiten des Lösungsdruckes liegen aber nicht bei Zusammensetzungen, die diesen oder andern einfachen stöchiometrischen Verhältnissen entsprechen, nämlich in dem Intervall zwischen 41 und 45, ferner zwischen 60 und 62 % Kupfer. Sie sind daher nicht durch das plötzliche Auftreten dieser oder ähnlicher Verbindungen zu erklären.

Dieses Ergebnis darf nicht befremden. Man muß sich nämlich klar machen, daß durch die benutzten Methoden beim Aufsteigen zu kupferreicheren Legierungen nicht das Auftreten einer neuen Lösungstension, sondern vielmehr das Verschwinden einer vorher vorhandenen festgestellt wird. Die Ausfällung des Kupfers, z. B. aus Cyankalium, bleibt nicht bei dem Kupfergehalt aus, bei dem eine

---

[1]) Bonsdorff, Zeitschr. f. anorgan. Chem. **41**, **132**, (1904) schließt aus seinen Messungen, daß der Zinkammoniakkomplex nicht 4 sondern nur 2 Mol. NH_3 enthält.

[2]) Vergl. die unten folgende Zusammenstellung.

chemische Verbindung in der Legierung auftritt, vielmehr dann, wenn diese kein freies Zink, sondern dieses nur noch in der chemischen Verbindung enthält. Beide Punkte brauchen keineswegs zusammen zu fallen, sondern es kann möglicherweise in der geschmolzenen Legierung ein Dissoziations-Gleichgewicht zwischen der Verbindung und ihren Komponenten bestehen[1]) nach der Gleichung $Cu_x Zn_y \rightleftarrows x\, Cu + y\, Zn$ (ebenso wie zwischen dem Dampf von Chlorammonium, Ammoniak und Chlorwasserstoff), so daß sich beim Erstarren neben der Verbindung auch die reinen Komponenten ausscheiden. Das freie Zink verschwindet nach dem Massenwirkungsgesetze praktisch dann, wenn Kupfer in einem gewissen Überschuß vorhanden ist. Dieser Punkt liegt nach meinen Versuchen offenbar bei einem Gehalt von 41 bis 45% Kupfer, also bei einem höheren Kupfergehalt als der Verbindung entspricht, deren Lösungstension dann für die Legierung potentialbestimmend ist und durch die Fällungsversuche gemessen wird.

Existiert noch eine kupferreichere Verbindung, wie aus dem zweiten Sprung der Lösungstension um 0,2 Volt hervorgeht, so wird die Spaltung nicht zu freiem Kupfer, sondern zu dieser Verbindung und Zink führen, nach dem Schema

$$Cu_x Zn_y \rightleftarrows Cu_x Zn_{y-z} + z\, Zn;$$

diese zweite Verbindung ist ihrerseits gespalten in die erste und freies Kupfer. Bei einem bestimmten Überschuß von Kupfer wird auch diese Dissoziation praktisch vollständig zurückgedrängt, und das Potential der kupferreicheren Verbindung ist für die Legierung maßgebend und daher durch die Ausfällungsversuche bestimmbar.

Durch die weiter unten zu beschreibenden Schmelzpunktsbestimmungen wird auch im Anschluß an ältere Angaben die Annahme begründet werden, daß diesen beiden Verbindungen die Formeln $Cu\, Zn_2$ und $Cu\, Zn$ zukommen, . daß also in den Kupfer-Zinklegierungen je nach ihrem Gehalte die Dissoziationszustände

$$Cu\, Zn_2 \rightleftarrows Cu\, Zn + Zn \quad \text{und} \quad 2\, Cu\, Zn = Cu\, Zn_2 + Cu$$

bestehen. Ob dieselben aber nach der Erstarrung in ihrem Gleichgewichte bestehen bleiben, oder sich nach der Abkühlung noch in einer sehr langsamen Umwandlung befinden, kann durch die vorliegenden Versuche nicht entschieden werden.

Eine solche Dissoziation der Metallverbindungen in der Legierung ist vom chemischen Standpunkt außerordentlich wahrscheinlich. Die Metalle können als Elemente gleicher elektropositiver Natur nur geringe Affinitätsäußerungen gegeneinander betätigen; ihre Verbindungen werden daher allgemein zu einer Dissoziation neigen[2]).

Eine weitere unabhängige Bestimmung der Abnahme, welche die Lösungstension der Legierungen bei gewissen Zusammensetzungen erfährt, könnte dadurch vorgenommen werden, daß man nicht die Ausfällung des Kupfers aus seinen Komplexoder unlöslichen Salzen, sondern die Ausfällung solcher Metalle durch Kupfer-Zinklegierungen bestimmt, die in der Spannungsreihe zwischen Zink und Kupfer stehen, also z. B. von Kadmium, Nickel, Blei. Bei den Vorversuchen, welche die Ausfällung dieser Metalle durch reines Zink betrafen, haben sich aber eine Reihe von auffallenden

---

[1]) Vergl. Kremann, Dissoziation in organischen Schmelzen. Monatshefte der Chemie **25**, 1215 (1904).

[2]) Vergl. z. B. Abegg, Die Valenz. usw., Ztschr. f. anorgan. Chem. **89**, 330 (1904).

Verlangsamungserscheinungen gezeigt, deren Aufklärung die Arbeit wesentlich verwickelt hätte. So ist z. B. Zink nicht imstande, das edlere Kadmium oder Nickel aus der Lösung ihrer Nitrate auszufällen. Wir haben hier einen neuen Fall der Passivität des Zinks, der sich dem Verhalten desselben in Kupfercyanür und Rhodanür an die Seite stellt.

Es wurde daher von einer weiteren Untersuchung dieser Ausfällungen vorläufig Abstand genommen, besonders da die im folgenden zu beschreibenden Versuche die bisherigen Ergebnisse durchaus bestätigen.

3. Die Angreifbarkeit von Kupfer-Zinklegierungen.

(Nach Versuchen von Dr. P. Mauz.)

Da die Kupfer-Zinklegierungen, wie die vorstehend beschriebenen Versuche ergeben haben, nicht als ein mechanisches Gemenge der beiden Metalle aufzufassen sind, so wird ihre Angreifbarkeit keine gleichmäßige Funktion ihrer Zusammensetzung sein, sondern in den sog. kritischen Intervallen eine stärkere Änderung erleiden als in anderen. Ehe jedoch diese Folgerung einer experimentellen Prüfung unterzogen wurde, mußte die Angreifbarkeit der reinen Metalle Kupfer und Zink festgestellt werden. Zink löst sich, wie bekannt, in Säuren, selbst verdünnter Essigsäure, unter lebhafter Wasserstoffentwickelung auf, nach den Versuchen von Ericson und Palmaer[1] allerdings nur dann, wenn es nicht völlig rein ist. Der Wasserstoff entwickelt sich nämlich an den Verunreinigungen, z. B. Blei oder Eisen, an denen er eine geringere Überspannung besitzt, so daß die Auflösung des Zinks anodisch in einem Lokalelement stattfindet. Demnach ist die Leitfähigkeit der Lösung für die Auflösungsgeschwindigkeit des Zinks maßgebend[2].

Die Angreifbarkeit des Kupfers durch Säuren ist unter allen Umständen klein gegen die des Zinks, da sie nicht durch direkte Entladung von Wasserstoffionen, sondern nur durch die Gegenwart von Luft bedingt wird. Sie beruht daher ebenso wie die des Zinns und Bleis auf einem Oxydationsvorgang.

Da außer einer Mitteilung von Berthelot[3], daß nämlich Kupfer sich bei Gegenwart von Luft auch in verdünnten Säuren auflöst, in der Litteratur keine Angaben über diesen Gegenstand vorliegen, wurde die Angreifbarkeit des Kupfers durch Säuren und Ammoniak nach der beim Blei erprobten Methode[4] untersucht.

Zu diesem Zwecke wurden aus 0,9 mm starkem, von Kahlbaum bezogenen Kupferblech Platten von der Größe 175×72 mm geschnitten und in den früher beschriebenen Gefäßen der Einwirkung von je 1 Liter der Versuchsflüssigkeit ausgesetzt. Bei Anwendung von Luftrührung wurde das Volumen der hindurchgesaugten Luft mit einer Gasuhr gemessen. Zwischen den einzelnen Versuchen wurden die Platten in destilliertem Wasser aufbewahrt. Die Analyse der Lösungen erfolgte auf kolorimetrischem Wege nach dem Zusatze von Ammoniak. Hierzu diente ein

---

[1] Zeitschr. f. physik. Chem. **45**, 193 (1903).
[2] Vergl. auch neuere Versuche von Brunner, Zeitschr. f. physik. Chem. **51**, 95 (1905).
[3] C. r. de l'acad. des sciences **87**, 619 (1878).
[4] Arb. a. d. Kaiserl. Gesundheitsamte **22**, 205 (1904). Vergl S. 7.

Diaphanometer nach König, als Vergleichslösung 2 Kupferammoniaklösungen, von denen die eine 160 mg Cu, die andere 32 mg Cu im Liter enthielt. Vergleichsbestimmungen durch elektrolytische Kupferausscheidung ergaben, daß die kolorimetrische Methode häufig um einige Prozente zu hohe Werte anzeigte. Doch kann der hierdurch bedingte Fehler vernachlässigt werden, da allen in den folgenden Tabellen wiedergegebenen Zahlen nicht absolute, sondern nur relative Genauigkeit zukommt.

Die folgenden Tabellen enthalten die mit Schwefelsäure, Salzsäure, Milchsäure, Essigsäure und Ammoniak verschiedener Konzentration erhaltenen Resultate.

Tabelle IX.

Angreifbarkeit von reinem Kupfer ohne Luftrührung in 18 Stunden.

Art der Säure	Von 1 Liter Säure wurden gelöst mg Kupfer		
	Platte a	Platte b	Mittel
$\frac{1}{20}$ n Salzsäure . . .	100,0	92,0	96,0
$\frac{1}{20}$ n Schwefelsäure .	26,0	27,4	26,7
$\frac{1}{2}$ n Schwefelsäure .	34,0	24,0	29,0
$\frac{1}{20}$ n Essigsäure. . .	22,0	24,0	23,0
$\frac{1}{2}$ n Essigsäure . . .	16,0 14,8	13,2 12,8	14,2
$\frac{1}{20}$ n Milchsäure . .	20,0	18,8	19,4
$\frac{1}{2}$ n Milchsäure . . .	15,2 18,0	12,0 18,0	15,8
$\frac{1}{20}$ n Ammoniak . .	36,8	32,0	34,4

Tabelle X.

Angreifbarkeit von reinem Kupfer bei Luftrührung in 18 Stunden.

Art der Säure	Liter Luft in der Stunde	Von 1 Liter Säure wurden gelöst mg Kupfer		
		Platte a	Platte b	Mittel
$\frac{1}{20}$ n Salzsäure . . .	3,80	1080,0	1350,0	1215,0
$\frac{1}{20}$ n Schwefelsäure . .	0,24	87,0	105,0	96,0
	0,60	151,0	160,0	155,5
	1,20	208,0	214,0	211,0
	6,40	510,0	472,0	291,0
$\frac{1}{2}$ n Schwefelsäure . .	0,24	138,2	129,2	133,7
	0,60	157,0	145,0	151,0
	1,20	200,0	247,8	224,0
	6,40	575,0	560,0	568,0
$\frac{1}{20}$ n Essigsäure . . .	1,80	99,0	103,0	101,0
$\frac{1}{2}$ n Essigsäure . . .	1,80	138,0	142,0	140,0
$\frac{1}{20}$ n Milchsäure . . .	0,6	69,5	67,5	68,5
$\frac{1}{2}$ n Milchsäure . . .	0,6	76,0	78,0	77,0

Tabelle XI.

Angreifbarkeit von reinem Kupfer bei Luftrührung in 4 Stunden.

Art der Säure	Liter Luft in der Stunde	Von 1 Liter Flüssigkeit wurden gelöst mg Kupfer		
		Platte a	Platte b	Mittel
$\frac{1}{20}$ n Salzsäure . . .	2,12	185,0	238,0	211,5
$\frac{1}{20}$ n Schwefelsäure . .	0,70	34,9	36,9	35,9
	0,85	39,2	38,1	38,7
	15,00	85,3	102,7	94,0
$\frac{1}{20}$ n Schwefelsäure + $\frac{1}{20}$ n Chlornatriumlösung	2,12	156,0	178,0	167,0
$\frac{1}{2}$ n Schwefelsäure . .	0,70	31,3	40,8	36,1
	0,85	44,9	38,4	41,7
	15,00	108,1	110,0	109,1
$\frac{1}{20}$ n Essigsäure . . .	0,85	24,2	22,4	23,2
	17,00	53,0 (?)	32,0	42,5 (?)
$\frac{1}{2}$ n Essigsäure . . .	0,85	29,6	32,0	30,8
	17,00	54,5	56,5	55,5
$\frac{1}{20}$ n Milchsäure . . .	14,60	27,4	21,0	24,2
$\frac{1}{2}$ n Milchsäure . . .	14,60	30,8	29,2	30,0
$\frac{1}{20}$ n Ammoniak . . .	1,05	18,0	17,0	17,5
$\frac{1}{2}$ n Ammoniak . . .	4,2	610,0	528,0	569,0

Die Auflösungsgeschwindigkeit des Kupfers wächst mit der Geschwindigkeit des durch die Lösung gesaugten Luftstromes und mit der Stärke der Säure. In Salzsäure ist sie jedoch viel größer als in der nahezu gleich starken Schwefelsäure. $\frac{1}{20}$ n Ammoniak besitzt eine ähnliche lösende Wirkung wie eine äquivalente schwache Säure, $\frac{1}{2}$ n Ammoniak eine viel stärkere als Schwefelsäure.

Für die Auflösung des Kupfers in lufthaltigen Lösungen gelten dieselben Gesetzmäßigkeiten, die ich im Anschluß an Nernst und Brunner[1]) für die Auflösung von Blei entwickelt habe (a. a. O.). Sie ist eine Geschwindigkeitserscheinung im heterogenen System fest-flüssig und daher bedingt durch die Geschwindigkeit der chemischen Reaktion an der Grenzfläche und der Diffusion der beteiligten Stoffe zur Grenzfläche hin. Für die Auflösung eines Metalles, das edler ist als Wasserstoff, also z. B. für Kupfer gelten, wie gezeigt, die Gleichungen

$$2\,\mathrm{Cu} + 4\,\mathrm{H}^{\cdot} = 2\,\mathrm{Cu}^{\cdot\cdot} + 2\,\mathrm{H_2} \qquad \text{(a)}$$
$$2\,\mathrm{H_2} + \mathrm{O_2} = 2\,\mathrm{H_2O} \qquad \text{(b)}$$

d. h. die Oxydation geht auf dem Umwege über die Wasserstoffverbrennung vor sich. Da (a) nach Nernst sehr rasch verläuft, so kann der Betrag der Cu-Auflösung nur abhängen von der Geschwindigkeit der Reaktion (b) und der Diffusion der Ionen $\mathrm{Cu}^{\cdot\cdot}$ von der Grenzfläche fort und von $\mathrm{H}^{\cdot}$ und $\mathrm{O_2}$ zu ihr hin. Da eine Vermehrung der Rührgeschwindigkeit die Angreifbarkeit steigert, so kommen für diese jedenfalls auch die Diffusionsgeschwindigkeiten in Betracht, und die Reaktion (b) verläuft nicht langsam gegen diese.

---

[1]) Ztschr. f. Physik. Chemie 47, 51, 56 (1904).

Ganz dasselbe war bei der Auflösung des Bleis gefunden worden. Während aber bei diesem die Stärke der lösenden Säure ohne Einfluß auf die Auflösungsgeschwindigkeit war, ist die des Kupfers in hohem Maße nicht nur von dem Dissoziationsgrad und dem Diffusionskoeffizienten, sondern auch von der Natur der Säure abhängig. Daraus muß gefolgert werden, daß beim Kupfer die Geschwindigkeit der Oxydation geringer ist als beim Blei, und von derselben Größenordnung wie die der Diffusionen, so daß die analytisch bestimmbare Angreifbarkeit durch die Geschwindigkeit beider Vorgänge bedingt ist.

Dieser Schluß steht mit dem oben gegebenen Reaktionsschema im Einklang. Kupfer wird weniger H·-Ionen entladen (a), als das unedlere Blei, und daher ist durch Massenwirkung die Verbrennungsgeschwindigkeit des entladenen Wasserstoffs (b) an letzterem größer.

Auch der Einfluß der Stärke der Säuren wird auf diese Weise erklärt. Eine bedeutende Vermehrung der H·-Ionen muß das Gleichgewicht (a) zugunsten der rechten Seite verschieben und daher ebenfalls die Oxydation beschleunigen. Warum aber Salzsäure und ein Gemisch von Schwefelsäure und Chlornatrium um so viel stärker lösend wirken als Schwefelsäure, geht aus dem Reaktionsmechanismus allein nicht hervor. Bis auf weiteres muß daher den Chlorionen ein katalytischer Einfluß auf die Auflösung des Kupfers zugeschrieben werden. Es mag hier auf die Analogie hingewiesen werden, die diese Erscheinung mit der sog. Passivierung und Aktivierung von Metallen zeigt.

Wie ich an anderer Stelle begründet habe[1]), erscheinen die Metalle dann passiv, wenn ihre anodische Auflösung nicht rasch genug erfolgt. Der aktivierende Einfluß der Chlorionen auf alle passiven Metalle ist demnach identisch mit der beschleunigenden Wirkung, die sie nach unseren Versuchen auf die Auflösung des Kupfers und nach denen von Mugdan[2]) u. a. auf das Rosten des Eisens ausüben.

Um die Angreifbarkeit von Kupfer-Zinklegierungen verschiedener Zusammensetzung zu bestimmen, wurden Platten aus reinen Kahlbaumschen Metallen hergestellt. Die Metalle wurden in einer Gießerei im Graphittiegel auf dem Kohlenfeuer geschmolzen und in Sandformen gegossen. Nach dem Erkalten haben wir die Platten mit dem Polierstahl bearbeitet, um ihnen eine glatte Oberfläche zu erteilen. Dies gelang jedoch nur bei den kupferreichen Legierungen (über 45% Cu). Die zinkreicheren hatten nach dem Gießen eine sehr rauhe Oberfläche und es glückte nicht, alle Risse und Unebenheiten von ihnen zu entfernen. Die Platten von 35% Cu waren besonders schwierig herzustellen. Sie sprangen schon beim Erkalten oder beim Herausnehmen aus der Form. Bei dem Versuch, ihnen eine gleichmäßige Oberfläche zu erteilen, zerbrachen sie manchmal bei dem leisesten Druck. Sie hatten stets nach dem Guß einen Überzug von gelbem Messing. Schließlich gelang es diesen zu entfernen durch Bearbeitung der Platten mit einem Schaber aus englischem Stahl, nachdem die Platten auf eine sogenannte Pechkugel aufgekittet waren, wie sie die

---

[1]) Ztschr. f. Elektrochemie **10**, 841 (1904).
[2]) Ztschr. f. Elektrochemie **9**, 442 (1903).

Ziseleure benutzen, um das Hohlliegen zu vermeiden. Auch bei dieser Behandlung zersprangen die Platten jedoch und zwar stets an denselben Stellen; es hatte den Anschein, als ob die Sprünge schon beim Erkalten entstanden wären und erst beim Entfernen der Messingschicht sichtbar würden.

Zu den Versuchen wurden die Teile mittels Pech zusammengekittet. Sie ließen sich dann nach jedem Versuch abschaben, ohne von neuem zu zerbrechen. Die Platten bis zu einem Gehalt von 25 % Cu glichen in der Farbe dem Zink, sie waren aber härter und spröder, jedoch noch sehr fest. Die 35 %ige Platte glich in der Farbe etwa dem Silber, zerbrach wie Glas und konnte im Porzellanmörser gepulvert werden. Die kupferreicheren Platten waren rötlich gelb oder gelb, wie dies am Schluß der Abhandlung noch näher ausgeführt ist.

Die folgende Tabelle XII gibt die Abmessungen und Zusammensetzung der Platten an. Jede derselben wurde an beiden Seiten analysiert. Zu diesem Zwecke wurde 0,2—0,3 g des Metalles abgeraspelt, in Salpetersäure gelöst und das Kupfer elektrolytisch abgeschieden. Der prozentische Zinkgehalt ergibt sich aus der Differenz zu 100.

Tabelle XII.

Größe und Zusammensetzung der Platten.

% Kupfer der Platten (rund)	Größenverhältnisse der Platten in mm	% Cu		
		oben	unten	Mittel
10	178 × 72 × 2,5	10,57	11,57	11,07
17	180 × 72 × 4,5	16,89	18,12	17,50
27	175 × 70 × 5,5	27,20	27,62	27,41
35	177 × 70 × 4,7	34,98	35,57	35,28
	180 × 70 × 6,0	35,54	36,34	35,94
45	175 × 70 × 2,6	46,80	46,55	46,68
50	175 × 70 × 2,7	50,00	50,60	50,30
65	170 × 70 × 2,8	65,70	65,48	65,59
75	170 × 70 × 2,6	74,30	74,85	74,60
90	175 × 70 × 2,6	90,33	91,70	91,00

Die Bestimmung der Angreifbarkeit der Platten erfolgte in derselben Weise wie bei den Blei-Zinnlegierungen und beim reinen Kupfer. Es wurde stets ein abgemessener reiner Luftstrom durch die Lösungen gesaugt. Zur Analyse wurde je nach dem Gehalt der Lösung aus je 50 bis 500 ccm das Kupfer nach Zusatz von Salpetersäure elektrolytisch abgeschieden und dann das Zink nach der S. 19 beschriebenen Methode als Sulfid gefällt, mit Silbernitrat umgesetzt und das überschüssige Silber nach Volhard titriert. Enthielten die Lösungen Salzsäure, so wurden sie zunächst zur Entfernung derselben in einer Platinschale eingedampft.

Tabelle XIII enthält die Versuche mit Schwefelsäure.

Tabelle XIII.

Angreifbarkeit von Kupfer-Zinkplatten bei Luftrührung in Schwefelsäure.

Art der Säure und Dauer des Versuchs	% Kupfer der Platten (rund)	Liter Luft in der Stunde	Von 1 Liter Säure wurden gelöst		
			mg Cu	mg Zn	
$\frac{1}{20}$ n Schwefelsäure 4 Stunden	10	2,0	—	1635,0	lebhafte Wasserstoffentwicklung
		8,7	—	1633,0	
	17	6,0	—	1629,0	
		8,7	—	1600,0	
	27	6,0	—	530,0	
	35	5,7	—	86,6	
		8,7	—	136,0	
	45	5,7	—	25,9	
		6,0	—	23,2	
		8,7	—	26,9	
	50	1,6	0,8	30,0	
		9,0	2,8	30,0	
	65	1,6	22,8	20,4	
		9,0	24,0	20,0	
	75	1,6	28,4	15,6	
		9,0	36,8	20,3	
	90	1,6	28,0	12,6	
		9,0	42,8	10,2	Keine Wasserstoffentwicklung mehr zu sehen
$\frac{1}{2}$ n Schwefelsäure 4 Stunden	50	1,6	8,0	31,2	
	65	1,6	28,0	22,8	
	75	1,6	29,2	17,4	
	90	1,6	34,0	10,8	
$\frac{1}{20}$ n Schwefelsäure 18 Stunden	50	1,1	18,0	102,0	
	65	1,1	135,0	74,0	
	75	1,1	143,6	56,0	
	90	1,1	144,0	24,0	
$\frac{1}{2}$ n Schwefelsäure 18 Stunden	50	10,0	4,0	256,0	
	65	10,0	212,0	135,0	
	75	10,0	292,8	92,0	
	90	10,0	329,2	32,6	

Die beiden zinkreichsten Platten lösen sich unter Wasserstoffentwicklung so rasch auf, daß in 4 Stunden die Säure bereits vollständig neutralisiert ist. Auch bei der 27%igen Platte ist die Wasserstoffentwicklung noch deutlich sichtbar, und die aufgelöste Zinkmenge daher beträchtlich. Bei den kupferreicheren Platten ist beides nicht mehr der Fall. Bei der graphischen Darstellung (gelöstes Zn in mg als Ordinate, % Cu der Legierung als Abszisse, Figur 3) zeigt sich, daß die entsprechende Kurve zwischen einem Gehalt von 35 und 45% Cu eine sehr scharfe Richtungsänderung erleidet. Hieraus geht unzweideutig hervor, daß die chemische Natur der Legierung sich in diesem Intervall ändert, und daß das Zink in den kupferreicheren Platten in einer edleren

Form enthalten ist. Bei steigendem Kupfergehalt nimmt die Menge des gelösten Zinks langsam aber stetig ab, dagegen macht sich in dem Intervall zwischen 50 und 65 % Cu ein rapides Ansteigen der Kupferlöslichkeit, welche bis dahin fast oder völlig gleich Null gewesen ist, bemerkbar. Diese Erscheinung ist noch deutlicher in den über einen größeren Zeitraum erstreckten Versuchen (18 Stunden), in denen die aufgelöste Kupfermenge größer ist (Figur 3). Es muß also in diesem Konzentrationsbereich eine zweite Zustandsänderung der Legierung vorhanden sein.

Diese Ergebnisse stimmen völlig mit denen des ersten Teiles dieser Abhandlung überein; denn auch dort war bewiesen worden, daß die chemischen Eigenschaften der Kupfer-Zinklegierungen in demselben Konzentrationsbereich zwischen 41 und 45 % und 60 und 62 % Cu starke Änderung erleiden und demnach die Existenz zweier chemischer Verbindungen von Kupfer und Zink anzunehmen ist.

Besondere Beachtung verdient die Frage nach der Löslichkeit des Kupfers.

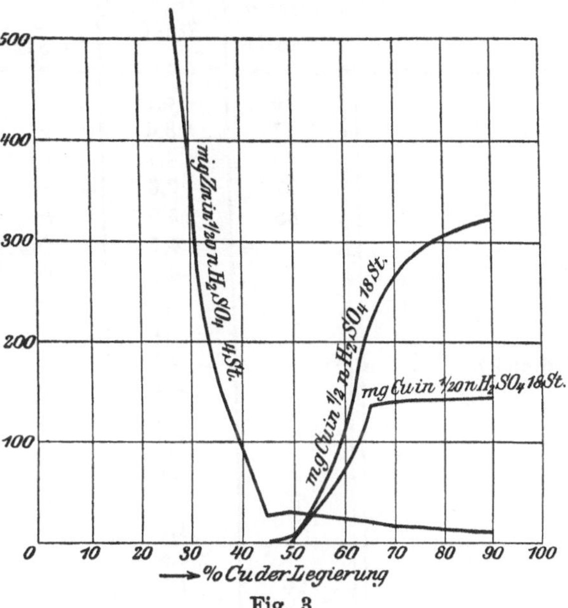

Fig. 3.

Wie Tabelle XIII zeigt, wird von den Legierungen I gar kein Kupfer aufgelöst, von den Legierungen II sehr geringe Spuren, von den Legierungen III beträchtliche Mengen. Da aber die Legierungen unter allen Umständen unedler sind als Kupfer, so wäre zu erwarten, daß dieses unter Auflösung von Zink stets wieder ausgefällt wird. Die Versuche zeigen jedoch, daß in Schwefelsäure die Ausfällungsgeschwindigkeit des Kupfers bei Legierungen von über 65 % Cu nicht größer ist als seine Auflösungsgeschwindigkeit. Auch diese Erscheinung läßt sich aus den Ergebnissen der Fällungsversuche vorhersagen; denn wie S. 33 gezeigt wurde, sind die Lösungen III in Sulfatlösungen passiv, d. h. sie vermögen das Kupfer nur außerordentlich langsam auszufällen.

Ganz ähnliche Ergebnisse gibt die Tabelle XIV (S. 48), die die Versuche in salzsaurer Lösung (¹/₂₀ n) darstellt.

Wieder wird die Säure durch die zinkreichsten Platten fast völlig neutralisiert; bei steigendem Kupfergehalt folgt dann ein starker Abfall der Zinklöslichkeit. Allerdings scheint die Richtungsänderung der entsprechenden Kurven ein wenig nach der Seite der zinkreicheren Platten verschoben zu sein. Die Ursache hierfür beruht wahrscheinlich darauf, daß Salzsäure auf die Legierungen, wie auch auf reines Kupfer, weit stärker lösend wirkt als eine äquivalente Schwefelsäure. Hierdurch tritt bei den Platten, die nur wenig freies Zink enthalten, rasch eine Verarmung an diesem ein

Tabelle XIV.

Angreifbarkeit von Kupfer-Zinkplatten bei Luftrührung in $^1/_{20}$ n Salzsäure.

Dauer des Versuchs	% Kupfer der Platten (rund)	Liter Luft in der Stunde	Von 1 Liter Säure wurden gelöst		
			mg Cu	mg Zn	
4 Stunden . . .	10	4,7	—	1550,0	lebhafte Wasserstoffentwicklung
	17	3,6	—	1558,0	
		4,7	—	1615,0	
	27	3,6	—	989,6	
	35	3,6	—	87,6	
		4,7	—	68,8	
	45	3,6	—	73,3	
		4,7	—	33,1	
	50	1,1	—	67,6	
		1,7	—	47,9	
		8,4	—	56,4	
	65	1,1	23,2	49,4	
		1,7	—	24,7	
		8,4	6,0	28,2	
	75	1,1	54,0	30,4	
		1,7	94,0	37,4	
		8,4	137,0	59,2	
	90	1,1	78,0	26,0	
		1,7	119,8	19,0	
		8,4	205,0	27,5	
18 Stunden . . .	35	2,4	—	223,5	
		6,5	—	304,0	
	45	2,4	—	188,4	
		6,5	—	335,0	
	50	2,4	—	216,3	
		3,0	—	217,8	
	65	2,4	8,5	179,8	
		3,0	32,0	275,6	
	75	3,0	585,0	244,9	
		6,5	835,0	302,0	
	90	3,0	815,0	102,2	
		6,5	1100,0	133,2	

und die Legierung zeigt dann das Verhalten einer kupferreicheren. Sehr scharf prägt sich wiederum die Zustandsänderung zwischen 50 und 65 % der Legierung aus. Denn erst von diesem Gehalt an beginnt die Lösung Kupfer zu enthalten; seine Auflösung steigt beträchtlich mit dem Gehalt der Platte. Auch in salzsaurer Lösung ist also die Auflösungsgeschwindigkeit des Kupfers aus den Legierungen III größer als seine Ausfällungsgeschwindigkeit durch dieselben.

Tabelle XV enthält die Versuche in $^1/_{20}$ n Milchsäure und $^1/_{20}$ n Essigsäure während einer Versuchsdauer von 4 Stunden.

Tabelle XV.

Angreifbarkeit von Kupfer-Zinkplatten bei Luftrührung in 4 Stunden.

Art der Säure	% Kupfer der Platten (rund)	Liter Luft in der Stunde	Von 1 Liter Säure wurden gelöst		
			mg Cu	mg Zn	
	10	10,0	—	529,0	
	17	8,9	—	761,5	Wasserstoff-Entwicklung
		10,0	—	590,0	
	27	8,9	—	357,4	
		12,2	—	243,9	
	35	8,9	—	55,4	
		10,0	—	56,5	
	45	8,9	—	23,4	
$^1/_{20}$ n Essigsäure . . .		10,0	1,0	22,2	
		12,2	—	19,7	
	50	7,8	2,0	21,4	
		8,8	6,0	12,0	
	65	7,8	6,0	9,9	
		8,8	8,8	8,0	
	75	7,8	7,5	9,9	
		8,8	10,4	6,0	
	90	7,8	7,5	5,4	
		8,8	12,0	4,2	
	10	7,7	—	921,0	
		9,5	—	1338,0	Wasserstoff-Entwicklung
	17	7,7	—	1115,0	
		9,5	—	1109,0	
		10,0	—	1186,0	
	27	10,0	—	370,0	
	35	7,7	—	56,5	
		9,5	—	72,4	
		10,0	—	41,1	
	45	7,7	geringe Mgn.	19,4	
$^1/_{20}$ n Milchsäure . . .		9,5	„	20,6	
		10,0	„	19,7	
	50	7,7	12,5	9,9	
		9,0	10,0	18,0	
	65	7,7	2,5	7,2	
		9,0	4,0	6,7	
	75	7,7	5,0	7,0	
		9,0	6,0	12,0	
	90	7,7	5,0	7,0	
		9,0	4,4	9,6	

Die Tabelle zeigt dasselbe Bild, starke Abnahme der Lösungsgeschwindigkeit des Zinks bis zu einem Gehalt der Legierung von 45 % Cu und das plötzliche Ansteigen der Auflösung des Kupfers von 65 % an.

Versuche, die sich über einen längeren Zeitraum — 18 Stunden — erstreckten, zeigten, auch wenn sie unter gleichen Bedingungen angestellt waren, sehr schlechte Übereinstimmung; von ihrer Wiedergabe kann daher abgesehen werden.

Um die Wirkung konzentrierterer organischer Säuren zu untersuchen, wurden nur die folgenden Versuchsreihen mit kupferreicheren Platten angestellt, weil bei den anderen Legierungen die Zinkauflösung zu rasch vonstatten geht.

Tabelle XVI.

Angreifbarkeit von Kupfer-Zinkplatten bei Luftrührung in konzentrierten organischen Säuren.

Art der Säure und Dauer des Versuchs	% Kupfer der Platten (rund)	Liter Luft in der Stunde	Von 1 Liter Säure wurden gelöst	
			mg Cu	mg Zn
½ n Essigsäure . . . 18 Stunden	35	3,5	—	227,6
	45	3,5	15,0	162,6
	65	3,5	45,0	96,0
	90	3,5	67,0	25,9
½ n Milchsäure . . . 18 Stunden	35	1,6	10,0	235,9
	45	1,6	50,5	95,6
	65	1,6	60,0	44,7
	90	1,6	95,0	15,4
½ n Essigsäure . . . 4 Stunden	50	11,5	12,0	23,4
	65	11,5	11,6	14,4
	75	11,5	10,0	10,8
	90	11,5	12,0	11,4
½ n Milchsäure . . . 4 Stunden	50	9,4	10,0	27,6
	65	9,4	12,0	18,6
	75	9,4	14,0	16,2
	90	9,4	19,2	13,8

Die Angreifbarkeit ist in Milchsäure stärker als in Essigsäure; die Menge des gelösten Zinks nimmt stets mit steigenden Kupfergehalt der Legierung gleichmäßig ab, die des gelösten Kupfers wächst. Besondere Beachtung verdient es, daß sich in der Löslichkeit des Kupfers keinerlei sprunghafte Änderung in dem Intervall von 50—65% Kupfer der Legierung anzeigt, wie in den übrigen Versuchsreihen.

Zur Erklärung dieser Erscheinung mag folgende Betrachtung dienen.

Die konzentrierten organischen Säuren lösen beträchtlich mehr Metall auf, als die verdünnten. Daher wird ihr ohnehin nur geringer Dissoziationsgrad durch die Bildung der gleichionigen Salze stark zurückgedrängt und die Lösung verarmt fast vollständig an Wasserstoffionen. Ferner geht die Auflösung der Metalle in diesen Lösungen vermutlich nicht unter Bildung des einfachen Kupfer- und Zinkacetates oder -laktates vor sich, sondern sie führt zu komplexen Ionen der Metalle mit den organischen Säuren. Daß der gleiche Vorgang bei der Auflösung von Blei und Zinn stattfindet, ist durch die früheren Untersuchungen gezeigt worden[1]). Die Möglichkeit organischer Kupferkomplexe wird z. B. durch die Existenz der sog. Fehlingschen

---

[1]) Arb. a. d. Kaiserl. Gesundheitsamte 22, 225.

Lösung bewiesen. Die Verarmung der Lösung an Wasserstoffionen wie die Bildung komplexer Salze sprechen nun dafür, daß die Auflösung der Metalle in den konzentrierten organischen Säuren nicht nach dem oben entwickelten Reaktionsschema (S. 43), also nicht über die intermediäre Wasserstoffentladung und -verbrennung, sondern unter direkter Oxydation des Metalles vor sich geht, wie ich es in Übereinstimmung mit Bodländer[1]) ganz allgemein für die Auflösung von Metallen zu Komplexen wahrscheinlich gemacht habe[2]). Daher braucht auch eine sprunghafte Änderung der Lösungstension und hiermit der Konzentration des entladenen Wasserstoffs nicht notwendig mit einer solchen der Auflösungsgeschwindigkeit verknüpft zu sein. Offenbar ist, wie die Versuche von Tabelle XVI zeigen, die direkte Oxydationsgeschwindigkeit der Legierungen II und III von derselben Größenordnung.

Zu demselben Schlusse führt die folgende Versuchsreihe mit $^1/_{20}$ n Ammoniaklösung, in der sich die Metalle unter Bildung sehr beständiger Komplexe auflösen.

Tabelle XVII.

Angreifbarkeit von Kupfer-Zinkplatten bei Luftrührung in $^1/_{20}$ n Ammoniak.

Dauer des Versuchs	% Kupfer der Platten (rund)	Liter Luft in der Stunde	Von 1 Liter Ammoniak wurden gelöst mg Cu	mg Zn
	10	4,5	5,0	25,0
		5,0	13,0	20,6
	17	4,5	25,0	27,7
		5,0	16,5	23,2
	35	4,5	16,5	17,7
		5,0	15,0	25,9
	45	4,5	55,5	43,8
		5,0	40,0	35,0
	50	1,0	40,0	31,0
		1,7	46,0	26,1
		6,6	56,0	33,2
4 Stunden	65	1,0	52,0	29,0
		1,7	54,0	33,2
		6,6	52,8	19,6
	75	1,0	44,0	28,0
		1,7	62,0	26,8
		6,6	56,8	29,6
	90	1,0	50,8	13,0
		1,7	51,2	17,1
		6,6	78,0	21,8

Im Gegensatz zu den sauren Lösungen geben sämtliche Legierungen Kupfer an die Lösung ab. Da, wie im ersten Teil gezeigt wurde, die Spannungsdifferenz zwischen Kupfer und Zink in Ammoniak beträchtlich kleiner ist als in neutralen oder sauren Lösungen, so ist auch in den Legierungen I die Ausfällungsgeschwindigkeit des Kupfers durch Zink nicht mehr groß genug, um alles gelöste Kupfer aus dem

---

[1]) Ztschr. f. Elektrochem. **10**, 607 (1904).
[2]) ibid. **11**, 42 (1905).

Ammoniakkomplex wieder auszufällen. Wie ferner gezeigt wurde, nimmt diese Ausfällungsgeschwindigkeit durch Legierungen zwischen einem Gehalt von 41 und 45 % Kupfer rapide ab; in vollständiger Übereinstimmung hiermit wird von den entsprechenden Platten weit mehr Kupfer aufgelöst als von den zinkreicheren. Dagegen ist die Änderung der Lösungstension bei einem Gehalt von 60—65 % Kupfer in Tabelle XVII ebensowenig erkennbar, wie in der Tabelle XVI; die Gründe hierfür sind oben entwickelt worden.

Die Versuche über die Angreifbarkeit der Kupfer-Zinklegierungen haben also ebenso wie die im ersten Teil beschriebenen Fällungsversuche zu dem Schluß geführt, daß die chemischen Eigenschaften dieser Legierungen an zwei Stellen starke Änderungen aufweisen, und daher die Existenz von zwei chemischen Verbindungen zwischen Kupfer und Zink wahrscheinlich gemacht. Hiermit ist gleichzeitig in Übereinstimmung mit den Untersuchungen über die Blei-Zinnlegierungen bewiesen, daß die Bestimmung der Angreifbarkeit von Legierungen als eine brauchbare Methode zur Aufklärung ihrer chemischen Konstitution anzusehen ist. Bei beiden Legierungen hat sich jedoch gezeigt, daß dieser Weg nur dann zum Ziele führt, wenn die Auflösung der Metalle unter Bildung von Metallionen und nicht von beständigen Komplexen vor sich geht.

Die genaue stöchiometrische Zusammensetzung der beiden Kupfer-Zinklegierungen soll durch die im folgenden beschriebenen Schmelzpunktsbestimmungen festgestellt werden.

4. Die Schmelzpunkte der Kupfer-Zinklegierungen.

(Nach Versuchen von Dr. A. Siemens.)

Das am häufigsten benutzte Hilfsmittel zur Untersuchung der Konstitution von Legierungen ist die Bestimmung ihrer Schmelzpunktskurve. Trotz der umfangreichen Literatur über diesen Gegenstand ist eine solche unseres Wissens für die Kupfer-Zinklegierungen noch niemals ausgeführt worden; wir haben daher durch die folgenden Versuche diese Lücke ausgefüllt[1]).

Die Legierungen wurden durch Zusammenschmelzung der reinen, von Kahlbaum bezogenen Metalle hergestellt. Ihre Zusammensetzung wurde durch Abwiegen vor und Analyse nach dem Schmelzen bestimmt. Da durch sorgfältige Regulierung der Temperatur ein erheblicher Verlust durch Verdampfen des Zinks vermieden werden konnte, differierten beide Werte meist nur um sehr geringe Beträge; doch wurde stets der zweite als maßgebend betrachtet.

Die Schmelze entmischt sich nicht während der Erstarrung, sondern wird vollkommen gleichmäßig fest, wenigstens wenn sie stark gerührt wird. Denn die Analysen

---

[1]) Anmerkung bei der Korrektur: Nach Abschluß unserer Arbeit ersahen wir, daß bereits Roberts-Austen eine vollständige Schmelzpunktskurve aufgenommen hat (4. Report of the Alloys Research Committee. Referat im Engineering 1897). Diese Abhandlung war uns entgangen, weil sie weder im „Chemischen Zentralblatt", noch in den „Jahresberichten über die Fortschritte der Chemie usw." referiert ist. Die Ergebnisse Roberts-Austens stimmen mit den unsrigen nur zum Teil überein.

von den beiden Enden des 6—10 Zentimeter langen Regulus stimmten stets überein. So wurden z. B. gefunden:

oberes Ende 0,3384 g Substanz = 0,1068 g Cu = 31,5 % Cu,
unteres „ 0,4267 „ „ = 0,1357 „ „ = 31,7 „ „

in einem anderen Falle:

oberes Ende 0,3447 g Substanz = 0,0246 g Cu = 7,15 % Cu,
unteres „ 0,3321 „ „ = 0,0245 „ „ = 7,35 „ „

Die Analyse des Regulus gibt daher an jeder Stelle die Zusammensetzung der flüssigen Schmelze im Beginn der Erstarrung an.

Die Erhitzung erfolgte bei den meisten Versuchen in einem vertikalen elektrischen Widerstandsofen von Heraeus·Hanau, dessen Heizkörper aus Platinfolie bestand. Bei einer Stromstärke von 12 Ampère und 110 Volt gestattete derselbe in weniger als einer Stunde die Temperatur von 1100°, den Schmelzpunkt des Kupfers, zu erreichen. In das innere Rohr dieses Ofens wurde ein gleich hohes (20 cm), unten geschlossenes Kohlerohr[1]) von 30 mm lichter Weite und 7 mm Wandstärke gestellt, das etwa bis zur halben Höhe mit den Metallen gefüllt wurde. Auf diese Weise befand sich die Schmelze stets ·unter einer reduzierenden Atmosphäre von Kohlenoxyd.

Im Verlaufe der Untersuchungen stellten sich jedoch bei dieser Versuchsanordnung Übelstände heraus. Die Platinfolie brannte häufig durch, da sie nicht luftdicht gegen das Schmelzgefäß abgeschlossen war und sich daher mit den Zinkdämpfen legieren konnte. Wenn auch stets eine Reparatur der beschädigten Stellen durch neue Platinfolie leicht möglich war, so erwies sich doch dieses Verfahren als recht zeitraubend, und wir gingen zu einem anderen Widerstandsmaterial über. Als solches wählten wir das neuerdings in den Handel gebrachte Kryptol. Dasselbe wurde in einer Dicke von etwa 1 cm zwischen zwei 20 cm hohe konzentrische Porzellanzylinder gebracht, der äußere mit einem Wärmeschutzmantel umgeben und in den inneren das oben beschriebene Kohlerohr gestellt. Als Elektroden dienten zwei nebeneinander aufgestellte, durch gestampfte Chamotte isolierte dicke Eisendrähte. Die Erhitzung erfolgte mit derselben Geschwindigkeit wie bei dem Platinofen, wenn man einen Strom von 16—18 Amp. hindurchschickte.

Zur Temperaturmessung diente ein Le Chateliersches Pyrometer aus Platin-Platinrhodium, dessen Enden in Eiswasser tauchten. Dasselbe war von der physikalisch-technischen Reichsanstalt geeicht worden, seine absolute Genauigkeit betrug $\pm 5°$ C. Zur Strommessung benutzten wir ein empfindliches Millivoltmeter von Keiser und Schmidt-Berlin, welches für das Pyroelement geeicht war und eine Skala enthielt, welche die direkte Temperaturablesung gestattete, und zwar bei Anwendung einer Lupe mit einer Genauigkeit von 1—2°. Die relative Genauigkeit der folgenden Messungen im Vergleich zu allen andern mit ·demselben Pyrometer ausgeführten beträgt also $\pm 2°$ C.

Bei allen Versuchen wurde die Schmelze mit dem Pyrometer selbst, welches

---

[1]) Dasselbe wurde nach Angabe von der Firma A. Lessing in Nürnberg hergestellt.

durch ein enges Porzellanrohr geschützt war, andauernd gerührt. Ein anfänglich benutztes, von Heraeus angefertigtes Schutzrohr aus Quarzglas hielt nur einige Versuche aus, wahrscheinlich weil seine Widerstandsfähigkeit durch Entglasung geschwächt wurde. Die angewendete Metallmenge betrug im Durchschnitt ca. 200 g.

Zur Bestimmung des Schmelzpunktes wurde, wie üblich, die Abkühlungskurve der überhitzten Schmelze aufgenommen und nach Ausschaltung des Stromes die Temperatur von Minute zu Minute, bei manchen Versuchen alle halbe Minute, abgelesen. In dem Augenblick, in dem sich die ersten Kristalle aus der Schmelze abscheiden, muß die Temperatur infolge der freiwerdenden Schmelzwärme konstant bleiben oder jedenfalls langsamer sinken, wenn während der Erstarrung die Schmelze ihre Zusammensetzung ändert. Hat eine Unterkühlung stattgefunden, so muß die Temperatur bei Beginn der festen Ausscheidung steigen. Dies wurde jedoch nie beobachtet; die Kupferzinklegierungen scheinen daher die Fähigkeit der Unterkühlung nicht oder wenigstens nur in geringem Grade zu besitzen. Der Punkt der vollständigen Erstarrung muß sich im allgemeinen ebenfalls durch einen Knickpunkt der Abkühlungskurve feststellen lassen, da unterhalb derselben die Temperatur wieder rascher sinkt. Außerdem wird er beim Rühren durch das vollständige Festwerden der Masse beobachtet. In die folgenden Tabellen ist er nur dann aufgenommen worden, wenn beide Merkmale eine übereinstimmende Temperaturangabe lieferten.

Jede Schmelzpunktsbestimmung wurde mindestens zweimal ausgeführt. Um ein Bild von der erzielten Genauigkeit zu geben, führen wir folgende aus der großen Masse von Versuchen beliebig ausgewählten Beobachtungsreihen vollständig auf. Dieselben zeigen, daß sich der Beginn der Erstarrung immer völlig scharf auf $1-2^0$ bestimmen läßt; den Temperaturen der vollständigen Erstarrung kommt nicht immer dieselbe Sicherheit zu.

1. Gehalt: 80,4 % Cu.

Zeit	Temperatur	Zeit	Temperatur
0 Min.	1040 °	8 Min.	997 °
½ „	1037 °	8½ „	995 °
1 „	1032 °	9 „	994 °
1½ „	1026 °	9½ „	993 °
2 „	1021 °	10 „	992 °
2½ „	1018 °	10½ „	991 °
3 „	1013 °	11 „	990 °
3½ „	1008 °	11½ „	989 °
4 „	1003 °	12 „	987 °
4½ „	1000 °	12½ „	985 °
5 „	1000 °	13 „	983 °
5½ „	1000 °	13½ „	980 °
6 „	1000 °	14 „	970 ° fest
6½ „	1000 °	15 „	960 °
7 „	999 ° zähflüssig	16 „	954 °
7½ „	998 ° breiig		

Desgleichen, 2. Bestimmung.

Zeit	Temperatur	Zeit	Temperatur
0 Min.	1050°	9 Min.	998°
1 „	1041°	10 „	996°
2 „	1035°	11 „	994°
3 „	1026°	12 „	991°
4 „	1018°	13 „	988°
5 „	1007°	14 „	984°
6 „	**1000°**	15 „	979°
7 „	**1000°**	16 „	961° fest
8 „ zäh	**999°**	17 „	954°

Die fettgedruckten Werte bedeuten das Temperaturbereich, in welchem die Legierung erstarrt. Die Erstarrung beginnt nach beiden Versuchen bei 1000°; beendet ist sie nach dem ersten bei 980°, nach dem zweiten bei 979°.

Dieselbe gute Übereinstimmung zeigen die Versuche mit niedriger schmelzenden Legierungen, z. B. folgende Reihen.

2. Gehalt: 25,4 % Kupfer.

Zeit	Temperatur	Zeit	Temperatur
0 Min.	800°	13 Min.	725°
1 „	799°	14 „	722°
2 „	785°	15 „	719°
3 „	779°	16 „	719°
4 „	772°	17 „	707°
5 „	**762°**	18 „	702°
6 „	**759°**	19 „	698°
7 „	**757°**	20 „	694°
8 „	**753°** Schmelze breiig	21 „	689°
9 „	**747°**	22 „	682°
10 „	**742°**	23 „	677°
11 „	**738°**	24 „	670° fest
12 „	**734°**	25 „	662°
		26 „	655°

Desgleichen, 2. Bestimmung.

Zeit	Temperatur	Zeit	Temperatur
0 Min.	800°	13 Min.	737°
1 „	797°	14 „	732°
2 „	790°	15 „	727°
3 „	782°	16 „	721°
4 „	777°	17 „	715°
5 „	770°	18 „	712°
5½ „	766°	19 „	706°
6 „	**762°**	20 „	698°
6½ „	**760°**	21 „	693°
7 „	**760°**	22 „	687°
7½ „	**759°**	23 „	682°
8 „	**758°**	24 „	678°
9 „	**753°**	25 „	669° fest
10 „	**749°**	26 „	664°
11 „	**748°** Schmelze breiig	27 „	660°
12 „	**740°**		

Der Beginn der Erstarrung ist wiederum übereinstimmend 762°, das Ende 677 und 678°. Bei den kupferärmeren Legierungen, die ganz allgemein in einem größeren Temperaturintervall erstarren, ist die Richtungsänderung der Abkühlungskurve beim Ende der Erstarrung nicht so deutlich ausgeprägt, wie bei den kupferreicheren. Doch ist gewöhnlich beim Festwerden der Masse ein größerer Temperatursturz merklich.

Den Schmelzpnnkt des reinen Zinks bestimmten wir nach dieser Methode zu 419—420°, den des reinen Kupfers zu 1080°, in vorzüglicher Übereinstimmung mit den besten neueren Bestimmungen. Denn Heycock und Neville [1] fanden für Zink 419°, für Kupfer 1081°, und Holborn und Wien [2] für Kupfer 1082—1083°. Dem von Heyn [3] angegebenen Werte von 1102° kommt keine absolute Gültigkeit zu, da er mit einem nicht geeichten Thermoelement bestimmt ist; wie Heyn selbst angibt, ist sein Wert wahrscheinlich um etwa 20° zu hoch.

Heycock und Neville haben auch die Schmelzpunkte einiger kupferarmer Zinklegierungen bestimmt; ihre Werte fügen sich gut in unsere Kurve ein und sind daher in die folgende Tabelle aufgenommen und durch die Anfangsbuchstaben H. und N. gekennzeichnet worden.

Schmelzpunkte der Kupfer-Zinklegierungen.

Prozentgehalt Cu in der Legierung	Anfang der Erstarrung in C°	Ende der Erstarrung in C°	Erstarrungsbereich in C°	Prozentgehalt Cu in der Legierung	Anfang der Erstarrung in C°	Ende der Erstarrung in C°	Erstarrungsbereich in C°
100	1080			32,6	807	778	29
92,1	1044	1031	13	31,6	806	774	32
80,4	1000	979	21	29,6	798	740(?)	58
70,3	945	914	31	27,8	782	715(?)	67
62,3	910	895	15	26,6	775	698	77
59,7	900	892	8	25,4	762	678	84
55,6	884	882	2	21,5	726	655	71
53,9	880	866	14	17,7	686	598	88
52,0	880			15,5	660	561	99
50,4	875	856	19	15,3 (H.N.)	667		
49,7	864			10,7 (H.N.)	596	422,4	174
48,5	860	853	7	9,9	580	421	159
45,0	854	840	14	7,25	543	420	123
39,6	839	827	12	5,66 (N.H.)	525	422	103
36,8	831	820	11	0,21	424	420	4
33,9	815	795	20	0	419, 420		

Die Ergebnisse sind in nachstehender Kurventafel (Fig. 4) aufgezeichnet, die Abzsisse bedeutet den Prozentgehalt der Legierung an Kupfer, die Ordinate die Temperatur, und zwar in der ausgezogenen Linie den Beginn der Erstarrung (Schmelzpunkt), in der punktierten das Ende derselben (Erstarrungspunkt).

[1] Journ. Chem. Soc. **71**, 383 (1897), Chem. News. **71**, 33 (1895).
[2] Wied. Ann. **56**, 360 (1895).
[3] Zeitschr. f. anorg. Chem. **39**, 1 (1904).

Es zeigt sich, daß die Schmelzpunkte sämtlicher Legierungen zwischen denen der reinen Metalle liegen. Daraus folgt, daß auch aus den kupferarmen Schmelzen nicht das Lösungsmittel Zink, sondern der gelöste Stoff, Kupfer oder eine Verbindung desselben mit dem Lösungsmittel Zink, auskristallisiert. Da ferner die Schmelzpunktskurve niemals ein Maximum erreicht, d. h. nie irgend eine kupferreichere Legierung

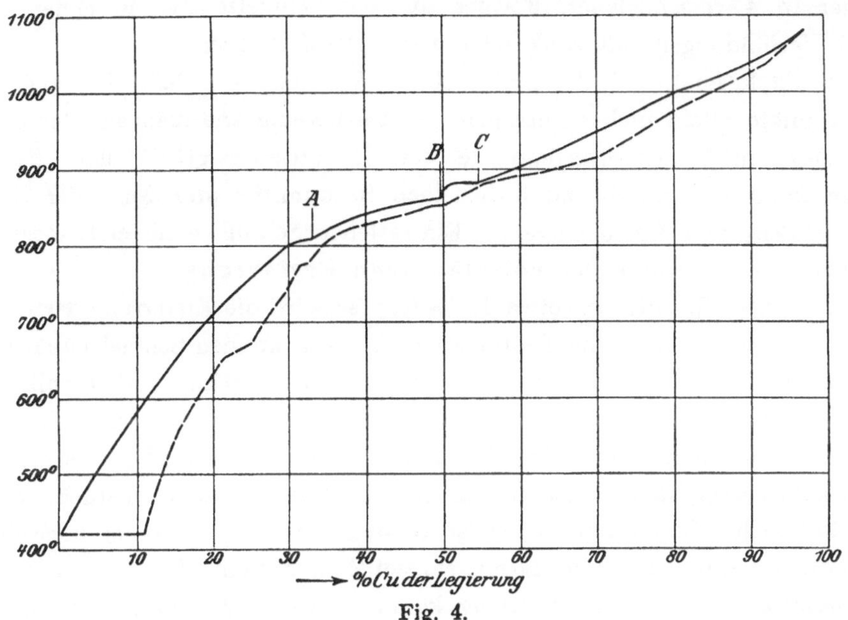

Fig. 4.

bei tieferer Temperatur erstarrt als eine benachbarte kupferärmere, so müssen stets die zuerst entstehenden Kristalle mehr oder mindestens gleichviel Kupfer enthalten als die zurückbleibende Schmelze. Es empfiehlt sich daher, bei der Diskussion der Resultate die Schmelztemperaturen als Gleichgewichtspunkte zwischen dem Lösungsmittel Zink und dem gelösten Stoff Kupfer und somit die Schmelzpunktskurve als eine Löslichkeitskurve aufzufassen. Dann können zur Erörterung der Frage, welche Verbindungen zwischen Kupfer und Zink bei den einzelnen Temperaturen auskristallisieren, ohne weiteres die Grundsätze angewendet werden, die Roozeboom für die Umwandlungserscheinungen zwischen Salzen und ihren einzelnen Hydraten, z. B. für Chlorkalzium entwickelt hat [1]).

Jeder Modifikation eines gelösten Stoffes und jeder seiner Verbindungen mit dem Lösungsmittel entspricht eine eigene kontinuierliche Löslichkeitskurve. Gibt es mehrere solcher Verbindungen, so schneiden sich die einzelnen Kurven, und die über das Existenzgebiet aller Verbindungen erstreckte Löslichkeitskurve erscheint aus mehreren Stücken zusammengesetzt, die in diesen Schnittpunkten zusammenstoßen. Diese letzteren treten daher als Knickpunkte der Gesamtlöslichkeitskurve auf. An ihnen ist die Lösung an zwei verschiedenen Verbindungen (z. B. Hydraten) gesättigt. Ihre Anzahl sagt daher aus, an wieviel Punkten je zwei derselben auch miteinander

---

[1]) Zeitschr. f. physik. Chemie **4**, 31 (1889) und „die heterogenen Gleichgewichte vom Standpunkte der Phasenlehre" Bd II. Braunschweig 1904.

im Gleichgewicht stehen. Die Gesamtzahl aller Verbindungen und Modifikationen ist also gleich der der Knickpunkte, vermehrt um eins.

Die Schmelzpunktskurve der Kupfer - Zinklegierungen besitzt, wie die Figur zeigt, drei Knickpunkte, nämlich A bei einem Gehalt von 32,6 % Kupfer (807 °), B bei 50 % (868 °) und C bei 55,6 % Kupfer (884 °). Das gelöste Kupfer scheidet sich daher in 4 verschiedenen Formen aus der Schmelze aus, in reinem Zustande und in 3 Verbindungen mit Zink oder deren Modifikationen.

Über die Formel und die Natur dieser Verbindungen läßt sich aus der Lage der Knickpunkte allein nichts aussagen — ebensowenig wie man aus der Sättigungs-konzentration am Umwandlungspunkte den Kristallwassergehalt eines Salzhydrates bestimmen kann —, obwohl zwei derselben in unmittelbarer Nähe der Zusammen-setzungen $CuZn_2$ und $CuZn$ liegen. Ein solcher Schluß wird erst möglich unter Berücksichtigung der Kurve der vollständigen Erstarrung.

Bis zu einem Gehalte von etwa 10 % Kupfer wird die Erstarrung der Legierungen erst dann vollständig, wenn die Temperatur bis nahe an den Schmelzpunkt des reinen Zinks gesunken ist. Kupferreichere Legierungen werden schon vorher vollständig fest und zwar nimmt zunächst das Temperaturintervall, über welches sich die Erstarrung einer Schmelze erstreckt, mit steigendem Kupfergehalt ständig ab. Aus diesen beiden Tatsachen geht hervor, daß die auskristallisierende Masse keine einheitliche Verbindung von unveränderlicher Zusammensetzung ist, sondern aus Mischkristallen oder einer festen Lösung der Verbindung mit dem Lösungsmittel Zink besteht, deren Zusammensetzung der der flüssigen Schmelze immer näher kommt. Diese Mischkristalle bilden wahr-scheinlich keine kontinuierlichen Reihen, weil die Abkühlungskurve während der langsamen Erstarrung nicht gleichmäßig verläuft, sondern deutliche Haltepunkte nnd Knickpunkte aufweist. Ferner geht aus der Form der Erstarrungskurve hervor, daß die sich aus der Schmelze ausscheidenden Mischkristalle nicht in ständigem Verteilungs-gleichgewicht mit der zurückbleibenden Flüssigkeit stehen, denn sonst müßte auch die Erstarrungskurve kontinuierlich vom Schmelzpunkte des Zink an ansteigen, wie

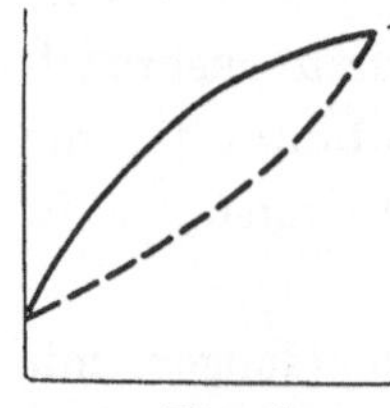

es die beistehende Figur 5 veranschaulicht. Vielmehr scheiden sich bei Beginn der Erstarrung zunächst Kristallisationszentren einer höher schmelzenden Verbindung ab, die sich bei sinkender Tem-peratur mit immer zinkreicheren Mischkristallen umhüllen. Ganz dieselbe Deutung haben Hüttner und Tammann für die Er-starrungskurve der Antimon - Wismutlegierungen gegeben [1]. Es ist daher nicht gestattet, die auf einer Horizontalen liegenden Punkte der Schmelz- und Erstarrungskurve als Gleichgewichtspunkte koexistierender Phasen aufzufassen.

Fig. 5.

Kurz vor dem ersten Knickpunkt A der Schmelzpunktskurve beträgt das Er-starrungsintervall nur noch 30 °, der Bodenkörper muß daher eine der Schmelze ähnliche Zusammensetzung, aber, wie oben ausgeführt, einen etwas höheren Kupfergehalt haben. Es liegt daher die Vermutung nahe, daß derselbe im wesentlichen aus der

---

[1] Zeitschr. f. anorgan. Chem. **44**; 131 (1905).

Verbindung CuZn₂, beziehungsweise aus einer festen Lösung von wenig Zink in dieser besteht.

Die Schmelze von der Zusammensetzung CuZn₂ (32,7 % Cu) erstarrt aber nicht bei konstanter Temperatur, wie man es von einer einheitlichen Verbindung erwarten müßte, sondern ebenfalls unter Abscheidung einer kupferreicheren Verbindung, die bereits zu dem zweiten Ast A B der Schmelzpunktskurve gehört. Daraus folgt, daß diese Schmelze keine einheitliche Verbindung oder nach Ostwald [1]) kein hylotroper Stoff ist, sondern daß sich die Verbindung CuZn₂ im Dissoziationsgleichgewicht mit ihren Zerfallsprodukten Zink und einer kupferreicheren Verbindung befindet und bei der Schmelztemperatur an dieser letzteren gesättigt ist [2]). Wir werden also durch Betrachtung der Schmelz- und Erstarrungskurven auf völlig unabhängigem Wege zu derselben Annahme eines Dissoziationsgleichgewichtes in der Legierung geführt, den wir zur Erklärung der Fällungsversuche machen mußten.

Daß die Sprünge des chemischen Potentials nicht mit den Knickpunkten der Schmelzpunktskurve zusammenfallen, darf nicht wundernehmen, denn im letzteren Falle handelt es sich um das Erscheinen oder Verschwinden eines Stoffes im Bodenkörper beim Beginn der Erstarrung, während die chemischen Differenzen bedingt sind durch das Verschwinden eines Stoffes in der Gesamtmasse der festen Legierung.

Im Gebiete A B von 35—50 % Kupfer verlaufen die Schmelz- und Erstarrungskurven beträchtlich weniger steil als in den zinkreicheren Legierungen und einander fast parallel. Daher muß der Gehalt des ausfallenden Bodenkörpers ebenso an Kupfer zunehmen wie der der Schmelze, d. h. er ist als feste Lösung von CuZn₂ in der zweiten, kupferreicheren Verbindung aufzufassen, die an ersterem mit steigender Temperatur verdünnter wird. Durch eine analoge Schlußweise wie oben erkennt man, daß diese Verbindung am zweiten Knickpunkt B der Schmelzpunktskurve wiederum eine der Schmelze nahe gleiche Zusammensetzung haben muß, und daß ihr daher die Formel CuZn (49,3 % Cu) zukommt.

Die Ausdehnung dieser Betrachtungsweise auf die höher schmelzenden Legierungen ergibt, daß dem zwischen B und C, dem zweiten und dritten Knickpunkte, ausfallenden Bodenkörper im wesentlichen ein Gehalt von etwa 55,6 % Kupfer zukommen müßte, da eine Legierung dieser Zusammensetzung bei fast konstanter Temperatur (innerhalb 2°) erstarrt. Eine einfache stöchiometrische Formel, die diesem Gehalt entspricht, gibt es jedoch nicht, auch die chemischen und elektromotorischen Messungen deuten nicht die Existenz einer dritten chemischen Verbindung von Kupfer und Zink an. Daher ist anzunehmen, daß der dritte Knickpunkt C der Schmelzpunktskurve nicht durch das Auftreten einer neuen chemischen Verbindung, sondern einer Lücke in der Reihe der Mischkristalle zwischen CuZn und reinem Cu zu erklären ist [3]). Darauf deutet auch die starke Richtungsänderung, die die Erstarrungskurve bei dem Gehalt von 55,6 % Cu erfährt. Von 60 % Kupfer an aufwärts verläuft die Schmelz-

---

[1]) Zeitschr. f. Elektrochem. **10**, 572 (1904).
[2]) Vergl. Tammann, Zeitschr. f. anorgan. Chem. **45**, 24 (1905).
[3]) Vergl. Roozeboom, Zeitschr. f. physik. Chem. **30**, 385 (1899).

punktskurve fast gradlinig bis zum Schmelzpunkt des reinen Kupfers. Da also hier die Schmelzpunktserniedrigung des Kupfers durch gelöstes Zink nahezu proportional der Konzentration ist und somit dem Raoult schen Gesetze gehorcht, muß sich in diesem Bereich bei Beginn der Erstarrung reines Kupfer aus der Schmelze ausscheiden.

Diese Konstanz der prozentischen und daher auch der molekularen Schmelzpunktserniedrigung ist sehr auffallend, besonders da sie bis zu Legierungen von 45 % Zink besteht. Dies wird durch folgende Tabelle erläutert.

c = % Zn der Legierung	Schmelzpunkt t^0	$\dfrac{\triangle t}{c}$
0	1080	
7,9	1044	4,56
19,6	1000	(4,08?)
29,7	945	4,54
37,7	910	4,51
40,3	900	4,47
44,4	884	4,42

Aus dem höchsten, wahrscheinlich zuverlässigsten Werte wird die molekulare Schmelzpunktserniedrigung des Kupfers bei Annahme einatomiger Zinkmolekeln durch Multiplikation mit 6,54 zu 29,8° gefunden. Aus dieser kann die Schmelzwärme W des Kupfers nach der bekannten van t'Hoff schen Gleichung [1)]

$$\triangle_m t = \frac{2 \cdot T^2}{1000\,W}$$

in Kalorien berechnet worden, wenn T die Schmelztemperatur in absoluter Zählung und $\triangle_m t$ ihre molekulare Erniedrigung bedeutet.

Durch Einsetzen der Zahlenwerte erhält man

$$W = \frac{2 \cdot (1080 + 273)^2}{1000 \cdot 29,8} = \mathbf{123\ cal}$$

Dieser hohe Wert würde sich um das n fache verkleinern, wenn die im Kupfer gelösten Zinkmolekeln nicht aus einem, sondern aus n-Atomen Zink beständen.

Die Schmelzwärme des Kupfers ist von J. W. Richards [2)] zu 43 cal und neuerdings von Glaser [3)] zu 41,6 cal bestimmt worden. Der letztere, wohl zuverlässigere Wert stimmt fast genau mit dem dritten Teil des berechneten = 41,0 cal überein. Daraus würde folgen, daß die Zinkmolekel im geschmolzenen Kupfer aus 3 Atomen besteht. Dieses auffällige Ergebnis muß jedoch mit Vorsicht aufgenommen werden, da die Gültigkeit der van t'Hoffschen Gesetze in so hoch schmelzenden Metallen noch nicht sicher bewiesen ist, und anderseits die Versuche von Heycock und Neville [4)] an niedriger schmelzenden Legierungen die Einatomigkeit der meisten Metalle, und auch des Zinks, dartun.

[1)] Vorlesungen II **46** (1899).
[2)] Journ. Franklin Institute, Mai 1897.
[3)] Metallurgie I, 103, 121 (1904).
[4)] Journ. Chem. Soc. **57**, 376, 656 (1890), **61**, 888 (1892), **71**, 883 (1897).

Auch die im vorstehenden entwickelten Anschauungen über die Natur und Zusammensetzung der festen Phasen, die sich bei der Erstarrung der Kupfer-Zinklegierungen bilden, sind nur unter Vorbehalt als völlig sichergestellt anzunehmen. Die Deutung der Erstarrungsvorgänge in einem System aus zwei Bestandteilen, welche, wie Kupfer und Zink, sowohl chemische Verbindungen, wie feste Lösungen derselben miteinander und mit den reinen Metallen bilden können, ist außerordentlich schwierig, besonders da eine analytische Untersuchung der einzelnen festen Phasen fast unmöglich erscheint. Wir erachten es jedoch als sichergestellt, daß die auf Grund der chemischen Versuche gewonnene Anschauung von einem in den Legierungen bestehenden Dissoziationszustand nicht nur nicht mit den Schmelzpunktsbestimmungen im Widerspruch steht, sondern sogar eine relativ einfache Deutung derselben gewährt.

Ferner ergibt sich, daß in so verwickelten Systemen die Bestimmung der Schmelz- und Erstarrungskurve allein zur Konstitutionsbestimmung nicht ausreicht, besonders wenn die Erstarrung nicht reversibel verläuft, sondern der Ergänzung durch chemische oder andere Methoden bedarf.

5. Übersicht über die älteren Konstitutionsbestimmungen der Kupfer-Zinklegierungen.

Eine kurze Übersicht und kritische Würdigung der älteren Methoden zur Konstitutionsbestimmung von Legierungen habe ich in meiner Abhandlung über die Konstitution der Blei - Zinnlegierungen gegeben [1]). Dieselbe steht im Einklang mit der kürzlich erschienenen Darstellung von Roozeboom [2]), die eine ebenso klare wie erschöpfende Zusammenfassung der bisher bekannten Tatsachen gibt.

In den Kupfer - Zinklegierungen haben mit Ausnahme von Storer [3]), der dieselbe für ein isomorphes Gemisch hielt, wohl sämtliche Forscher die Existenz von chemischen Verbindungen angenommen, da die Eigenschaften kupferreicher Verbindungen in jeder Beziehung von denen des Zinks abweichen. Crookewit [4]) versuchte diese Verbindungen zu isolieren; er schmolz äquivalente Mengen von Kupfer und Zink ($Cu + 2Zn$, $Cu + Zn$, $2Cu + Zn$) zusammen, goß die z. T. erstarrte Schmelze ab und analysierte den Rückstand. Dieser hatte stets andere Zusammensetzung als jene; das Gemisch erstarrte nicht gleichmäßig und konnte daher keine reine chemische Verbindung sein.

Das mikroskopische Gefüge der Kupfer-Zinklegierungen ist eingehend von Behrens [5]) und Charpy [6]) untersucht worden. Während aber ersterer kein bestimmtes Urteil über die Zusammensetzung etwaiger chemischer Verbindungen fällt, nimmt letzterer die Existenz zweier Verbindungen $CuZn_2$ und Cu_2Zn an.

---

[1]) Arbeiten a. d. Kaiserlichen Gesundheitsamte XXII, S. 187 (1904).

[2]) Die heterogenen Gleichgewichte vom Standpunkte der Phasenlehre. II. 1. S. 182 ff. Braunschweig 1904.

[3]) Rf. Journ. prakt. Chem. **82**, 239 (1860).

[4]) Rf. Lieb. Ann. **68**, 289 (1848).

[5]) Das mikroskopische Gefüge d. Metalle u. Legierungen, Hamburg 1894 S. 93.

[6]) Compt. Rend. **122**, 670 (1896).

Das elektrische Leitungsvermögen ist von Matthiessen [1]) und neuerdings von Haas [2]), dessen Messungen mit den älteren nicht übereinstimmen, sehr genau untersucht worden. Es ergab sich sowohl für das Leitungsvermögen wie für den Temperaturkoeffizienten ein Minimum bei einem Gehalt von 66 % Kupfer, welcher der Formel Cu_2Zn entspricht. Die Existenz derselben wird daher von Haas als erwiesen betrachtet. Legierungen mit weniger als 47 % Kupfer konnten nicht untersucht werden, weil sie sich nicht in die zur Widerstandsmessung notwendige Form von dünnen Drähten ausziehen lassen. Liebenow berechnet dagegen [3]) aus seinen theoretischen Betrachtungen über den elektrischen Widerstand der Legierungen, daß nach den Zahlen von Haas in den Cu-Zn-Legierungen die Verbindung $CuZn$ enthalten ist.

Über die Bildungswärme von Kupfer-Zinklegierungen liegen neue Untersuchungen von Galt [4]) und Baker [5]) vor. Galt bestimmt die Wärmetönung der pulverisierten Legierung bei der Auflösung in konzentrierter Salpetersäure und verglich sie mit der, welche er bei der Auflösung der vermengten Metalle erhielt. Die Differenz, und somit die Bildungswärme der Legierung, war am größten bei einem Gehalt von 62 % Kupfer, und er folgert daraus die Verbindung Cu_3Zn_2, obwohl dieselbe nur 59,4 % Kupfer enthalten dürfte. Doch sind seine Ergebnisse, wie Gladstone [6]) gezeigt hat, nicht einwandsfrei, da die Reaktionsprodukte bei der Auflösung in Salpetersäure von Legierungen einerseits und des mechanischen Gemenges anderseits nicht identisch sind. Daher wiederholte Baker [5]) die Galtschen Versuche unter Auflösung der Metalle in Lösungen von Cuprichlorid-Ammoniumchlorid oder Ferrichlorid. Er fand ein deutliches Maximum der Bildungswärme bei der Zusammensetzung $CuZn_2$, und zwar von 52,5 cal für 1 g der Legierung und ein weniger scharf ausgeprägtes bei der Zusammensetzung $CuZn$ von 46 cal. Diese Werte scheinen zuverlässig zu sein; sie stehen jedoch, worauf Haber [7]) zuerst hingewiesen hat, in einem auffälligen Gegensatz zu den Bestimmungen der Lösungstension der Verbindung $CuZn_2$. Dieselbe liegt nach den ungefähr übereinstimmenden Messungen von Herschkowitsch [8]), Laurie [9]) und mir [10]) 0,6 Volt unter der des reinen Zinks, während sie nach Berechnung aus der Bakerschen Wärmetönung nur ca. 0,1 Volt unter dieser liegen sollte.

Die Dichte und das spezifische Volumen der Kupfer-Zinklegierungen ist von Riche [11]), Mallet [12]) und neuerdings abweichend von Maey [13]) bestimmt worden.

[1]) Vergl. Wiedemann, Elektrizität Bd. I 467.
[2]) Wied. Ann. **52**, 673 (1894).
[3]) Zeitschr. f. Elektrochem. **3**, 217 (1897).
[4]) Phil. Mag. (5) **49**, 405 (1900).
[5]) Zeitschr. f. physik. Chem. **38**, 630 (1901).
[6]) Phil. Mag. (5) **50**, 231 (1900).
[7]) Zeitschr. f. Elektrochem. **8**, 541 (1902).
[8]) Zeitschr. f. physik. Chem. **27**, 126 (1898).
[9]) Journ. Chem. Soc. **53**, 104 (1888).
[10]) Vergl. Seite 39.
[11]) Ann. chim. phys. (4) **30**, 351 (1873).
[12]) Phil. Mag. (3) **21**, 68 (1842).
[13]) Zeitschr. f. physik. Chem. **38**, 292 (1901).

Letzterer fand, daß die Kurve, die die spez. Volume der Legierungen darstellt, nicht geradlinig zwischen denen der reinen Metalle verläuft, aber auch keine Unstetigkeit aufweist. Sie hat vielmehr eine ähnliche Form wie die von uns bestimmte Schmelzpunktskurve, d. h. sie ist in ihrem mittelsten Stück weniger stark gegen die Abszissenachse geneigt, als im ersten und letzten. Maey schließt aus seinen Bestimmungen auf die Verbindung $CuZn_2$.

Auch die rein mechanischen Eigenschaften der Legierungen sind zur Konstitutionsbestimmung benutzt worden. Charpy[1]) bewies zwar, daß ihre Widerstandsfähigkeit gegen Zug von der Herstellung abhängig ist, fand aber, daß unter vergleichbaren Bedingungen die Legierung von 67 % Kupfer, also die Verbindung Cu_2Zn, die größte Widerstandskraft besitzt. Dieselbe sei daher als einheitliches chemisches Individuum aufzufassen. Schließlich sei noch ein Versuch Le Chateliers[2]) erwähnt; derselbe behandelte zinkreiche Legierungen mit Salzsäure und fand, daß zunächst eine Legierung von der Zusammensetzung $CuZn_2$ zurückblieb, die jedoch später ebenfalls angegriffen wurde[3]).

Roozeboom (a. a. O.) hat die Gründe im einzelnen dargelegt, aus welchen die im vorstehenden beschriebenen Methoden nicht zu sicheren Schlüssen auf die Konstitution der Legierungen berechtigen. Es kann noch hinzugefügt werden, daß für keine derselben, mit Ausnahme der Methode von Liebenow, welcher ebenfalls die Verbindung $CuZn$ annimmt, ein theoretischer Zusammenhang zwischen den experimentell bestimmbaren Größen und der Konstitution der Legierung bekannt ist; derselbe ist lediglich auf Vermutungen und Wahrscheinlichkeitsschlüssen begründet.

Ganz anders ist es mit der Messung der elektromotorischen Kraft (E. K.); denn ihr Zusammenhang mit der Konstitution der Legierung ist thermodynamisch bewiesen[4]); eine sprunghafte Änderung zeigt unzweideutig das Auftreten einer chemischen Verbindung an. Die E. K. von Kupfer-Zinklegierungen wurde zuerst von Trowbridge und Stevens[5]) gemessen, doch sind die von ihnen erhaltenen Werte unbrauchbar, da die Legierungen nicht in Zinksalzlösungen tauchten und ihr Potential daher nicht der Nernstschen Formel gehorchte. Dieser Fehler wurde von Laurie und Herschkowitsch (a. a. O.) vermieden.

---

[1]) Compt. rend. **121**, 494 (1895).

[2]) Compt. rend. **120**, 835 (1895).

[3]) Nach Abschluß meiner Untersuchungen erschien eine Abhandlung von Shepherd über die Mikrostruktur der Kupfer-Zinklegierungen (Journ. Phys. Chem. 8 421 [1904]). Der Verfasser zeigt, daß die Legierungen aus 6 verschiedenen Kristallen bestehen, deren Zusammensetzung in gewissen Grenzen variiert. Es enthalten die Kristalle α 71—100 % Cu, β 45—64 % Cu, γ 31—40 % Cu, δ 23—30 % Cu, ε 13—19 % Cu, η 0—2,5 % Cu. Diese Ergebnisse stimmen insofern mit den meinigen überein, als ebenfalls die Legierung oberhalb 40 und 64 % Cu eine andere Konstitution besitzt, wie unterhalb dieser Zusammensetzung. Für die Existenz verschiedener zinkreicher Kristalle (η, ε, δ) wurde durch die chemischen Methoden kein Anhaltspunkt gefunden, doch wurde auf die Möglichkeit, daß die Mischkristalle von Zn und $CuZn_2$ keine kontinuierliche Reihe bilden, hingewiesen (vergl. Seite 58).

[4]) Vergl. z. B. Haber, Zeitschr. f. Elektrochem. 8, 543 (1902), Reinders, Zeitschr. f. physik. Chem. **42**, 225 (1902).

[5]) Phil. Mag. (5), 16, 435 (1883).

Laurie maß die E. K. einer Kette von der Form

$$\text{Leg.} / \text{Zn} \text{J}_2 \ \text{Cu} \text{J} / \text{Cu}$$

und fand für dieselbe folgende Werte:

% Cu der Legierung	Volt
0—31	$+ 0,6$
34—35	$+ 0,16$
35—50	$+ 0,08$
54,4	$+ 0,04$
75	$- 0,02$
100	$- 0,02$

Legierungen bis zu einem Gehalt von 31 % Kupfer zeigen dieselbe E. K. wie reines Zink. Bis zu einem Gehalt von 35 % Kupfer sinkt dieser Wert sehr stark, nämlich um 0,52 Volt, bleibt dann wieder in einem großen Intervall (bis 50 % Cu) konstant, um schließlich oberhalb 55 % Cu auf Null beziehungsweise einen kleinen negativen Wert zu sinken.

Mit diesen Zahlen stimmen die Ergebnisse von Herschkowitsch, der die E. K. der Kette

$$\text{Leg.} \ \text{Zn} \text{SO}_4 \ \text{Cu} \text{SO}_4 \ \text{Cu}$$

maß, überein. Nach seinen Versuchen ist diese E. K. bis zu einem Gehalt von 33 % Kupfer gleich der des reinen Zinks und sinkt bei etwas kupferreicheren Legierungen um 0,6 — 0,7 Volt. Bei Legierungen mit noch größerem Kupfergehalt sinkt die E. K. allmählich auf Null, also auf das Potential des Kupfers, doch zeigen die einzelnen Versuche dann keine gute Übereinstimmung.

Die Ergebnisse von Herschkowitsch und Laurie stimmen, was die Größe der Lösungstension der ersten Kupfer-Zinkverbindung anbetrifft, wie schon erwähnt, sehr gut mit den meinigen überein. Denn auch aus den Fällungsversuchen war gefolgert worden, daß diese um 0,6 Volt kleiner ist als die des Zinks. Die Existenz einer zweiten kupferreicheren Verbindung geht aus den Versuchen Herschkowitschs wegen der geringen Übereinstimmung der Einzelversuche nicht mit Sicherheit hervor, kann aber aus den Messungen Lauries herausgelesen werden, denn eine 75 %ige Legierung hat nicht dasselbe Potential wie eine 40 %ige, sondern ein um mindestens 0,1 Volt niedrigeres. Sie verhält sich nicht mehr positiv gegen Kupfer in Kupferjodür, kann also dasselbe aus dieser Lösung nicht mehr ausfällen, eine Tatsache, die ich durch direkte Versuche bewiesen habe.

Eine Abweichung zwischen meinen Versuchen und denen von Herschkowitsch und Laurie zeigt sich jedoch in dem Prozentgehalt, bei welchem die Erniedrigung der Lösungstension um 0,6 Volt eintritt. Während die genannten Forscher dieselbe bei 33 % und 35 % Kupfer feststellten, also ungefähr bei einem Gehalt, welcher der Verbindung CuZn_2 entspricht, fand ich sie erst bei 41 % Kupfer, einem Gehalt, welcher kein stöchiometrisches Verhältnis darstellt. Ich hatte dieses Ergebnis durch die Annahme erklärt, daß in der Legierung neben der Verbindung CuZn_2 ihre Dissoziationsprodukte Cu und 2 Zn, bezw. CuZn und Zn vorhanden sind, und daß das freie Zink und damit sein Potential erst dann praktisch verschwindet, wenn diese Dissoziation durch einen starken Überschuß von Kupfer (bezw. Cu Zn) zurückgedrängt wird. Daß Laurie und Herschkowitsch schon bei geringerem Kupfergehalt das Potential der Verbindung $CuZn_2$ gemessen haben, kann darauf beruhen, daß beim Eintauchen der Legierung in die Lösung die an der Oberfläche befindlichen sehr geringen Mengen des freien Zinks sehr rasch in Lösung gehen und eine Deckschicht der Verbindung $CuZn_2$ zurücklassen, deren Potential gemessen wird. Auf diese Fehlerquelle haben schon Ostwald und Haber (a. a. O.) hingewiesen; sie wird im Falle der Annahme des Dissoziationsgleichgewichts in der Legierung auch durch die diesbezügliche Überschlagsrechnung Herschkowitschs nicht ausgeschlossen.

Demnach wäre der Gehalt, bei welchem der Sturz der E. K. um 0,6 Volt eintritt, gewissermaßen nur ein Zufallswert. Dafür spricht auch, daß die von den beiden genannten Forschern erhaltenen Zahlen nicht genau übereinstimmen.

Bei der von mir benutzten chemischen Methode der Ausfällung scheint, wie ich in einer früheren Abhandlung[1]) gezeigt habe, der Fehler der Deckschichtenbildung ausgeschlossen zu sein.

Für die genaue Bestimmung der zweiten chemischen Verbindung versagt die Messung der E. K., weil deren Abnahme nicht groß genug ist. Doch läßt sich dieselbe durch die chemische Methode der Ausfällung mit absoluter Sicherheit nachweisen. Diese zeigt sich hier der älteren Methode in ihrer Empfindlichkeit ebenso überlegen, wie bei der Bestimmung der Konstitution der Blei-Zinnlegierungen.

Daß die starke Abnahme der Lösungstension um 0,6 und 0,2 Volt bei den von mir bestimmten Kupfergehalten von etwa 41 und 60%, und nicht bei den den stöchiometrischen Verhältnissen $CuZn_2$ und $CuZn$ entsprechenden von 33 und 49% liegt, wird auch durch die Farbe und die mechanischen Eigenschaften der Legierungen wahrscheinlich gemacht. Legierungen mit 0—40% Kupfer sind nämlich weiß wie Zink und von diesem der Farbe nach kaum zu unterscheiden; Legierungen von 42—60% sind rötlich-gelb, die von 62—80% hellgelb; bei noch höherem Kupfergehalt geht die Farbe allmählich in die des Kupfers über.

In den kritischen Intervallen von 40—42% und 60—62% ist die Farbänderung, die durch den Zusatz von 1% Kupfer hervorgerufen wird, sehr stark, während sie in den anderen Gebieten gering ist. Dies ist besonders bei den gepulverten Legierungen gut zu beobachten.

Auch die mechanischen Eigenschaften zeigen, wie die Lehrbücher angeben[2]), in den genannten kritischen Gebieten starke Änderungen. Legierungen von 0—40% Kupfer werden Weißmessing genannt; sie sind hart und spröde und daher technisch unbrauchbar. Sie lassen sich nicht zu dünnen Drähten ausziehen. Legierungen bis 60% Kupfer heißen schmiedbares Messing, von 60% an Messing und schließlich Tomback und haben die diesem zukommenden schätzbaren technischen Eigenschaften. Alle diese Tatsachen bestätigen die Ergebnisse der Ausfällungsversuche.

---

[1]) Arbeiten a. d. Kaiserl. Gesundheitsamte, XXII, 187. Vergl. S. 4.
[2]) Vergl. z. B. Dammer, Handb. der anorgan. Chem. II, 2, 471.

Besonders auffallend ist, daß Legierungen von etwa 30—35 % Kupfer nicht kristallinische, sondern glasige Bruchflächen zeigen. Die Eigenschaft, glasig zu erstarren, kommt aber nach Tammann[1]) nur sehr selten reinen chemischen Individuen zu, sondern vornehmlich den Mischungen und Lösungen. Auch aus diesem Grunde ist die 33 %ige Legierung nicht als einheitliche Verbindung $CuZn_2$, sondern als Lösung derselben in ihren Dissoziationsprodukten anzusehen.

6. Zusammenfassung.

Zur Aufklärung der Konstitution der Kupfer-Zinklegierungen wurden folgende drei Methoden benutzt:

1. Die Ausfällung von Kupfer durch Legierungen aus seinen komplexen und schwerlöslichen Salzen.
2. Die Untersuchung der Angreifbarkeit der Legierungen durch Säuren und Ammoniak.
3. Die Bestimmung der Schmelzpunkte.

Die erste Methode ergab, daß die Legierungen I mit weniger als 41 % Kupfer dieses Metall aus allen seinen Lösungen auszufällen vermögen, sich also chemisch wie reines Zink verhalten. Legierungen II (41—60 % Cu) fällen Kupfer nicht mehr aus dem Cyankomplex und aus Rhodanür, dagegen aus Jodür und dem Ammoniakkomplex. Legierungen III (62—100 % Cu) fällen Kupfer auch nicht aus Jodür und dem Ammoniakkomplex, dagegen aus Bromür und Chlorür. Kupfer und Zink bilden daher zwei chemische Verbindungen miteinander, die in den Legierungen II und III potentialbestimmend sind, und deren Lösungsdruck um rund 0,6 und 0,8 Volt unter dem des Zinks liegt.

Die Bestimmung der Angreifbarkeit der Legierungen zeigte, daß auch diese Größe bei einem Gehalt von 41 und 60 % Kupfer eine starke Änderung erleidet. Die Legierungen I geben z. B. in verdünnter Schwefelsäure sehr viel Zink unter Wasserstoffentwicklung ab, die Legierungen II bedeutend weniger und nur infolge Oxydation durch Luftsauerstoff, die Legierungen III am wenigsten. Kupfer wird nur von diesen letzteren gelöst, und zwar je nach der Natur der Säure in ungefähr gleichen oder größeren Mengen als Zink.

Die Zusammensetzung der Legierungen an den Punkten, an denen die starke Abnahme der Lösungstension wahrgenommen wird, kann nicht durch eine einfache Formel ausgedrückt werden. Es wird daher angenommen, daß die Legierungen, bei welchen die sprunghaften Änderungen auftreten, nicht aus den reinen Verbindungen, sondern aus Gemengen derselben mit ihren Dissoziationsprodukten bestehen. Die Verbindungen $CuZn_2$ und $CuZn$ sind also in der Schmelze z. T. in ihre Bestandteile gespalten, z. B. nach der Gleichung $CuZn_2 \rightleftarrows CuZn + Zn$. Der kupferreichste Bestandteil scheidet sich, wie die Schmelzpunktskurve zeigt, bei der Erstarrung zuerst ab, sodaß der Rückgang der Dissoziation bei dieser verhindert wird.

Erst bei einem gewissen Überschuß von Kupfer beziehungsweise $CuZn$ über den der Formel $CuZn_2$ entsprechenden Gehalt wird diese Dissoziation soweit zurück-

---

[1]) Ztschr. f. Elektrochem. **10**, 532 (1904).

gedrängt, daß das freie Zink und somit seine Lösungstension praktisch verschwindet. Die gleiche Betrachtung gilt für die Verbindung $CuZn$.

Dieselbe Annahme ermöglicht auch eine einfache Deutung der Schmelzpunktsbestimmungen und wird daher durch diese gestützt.

Die Schmelzpunkte aller Cu-Zn-Legierungen liegen zwischen denen der reinen Metalle; ihre Kurve weist kein Maximum, wohl aber drei Knickpunkte auf. Hieraus geht hervor, daß die Gesamtheit aller Legierungen aus 4 verschiedenen Phasen bestehen müßte, wenn die Erstarrung reversibel erfolgen würde. Tatsächlich neigen die Legierungen jedoch in hohem Maße zur Saigerung, die, wie die Kurve der vollständigen Erstarrung zeigt, in den zinkreichsten Legierungen bis zur Abscheidung von reinem Zink führt. Die Verbindungen $CuZn_2$ und $CuZn$ bilden miteinander und mit den reinen Metallen Mischkristalle, deren Reihen nicht kontinuierlich verlaufen.

Auch die Farbe und die mechanischen Eigenschaften der Kupfer-Zinklegierungen bestätigen die über ihre Konstitution entwickelten Anschauungen.

Schließlich wurde festgestellt, daß Zink und seine Legierungen mit Kupfer in manchen Lösungen passiv sind.